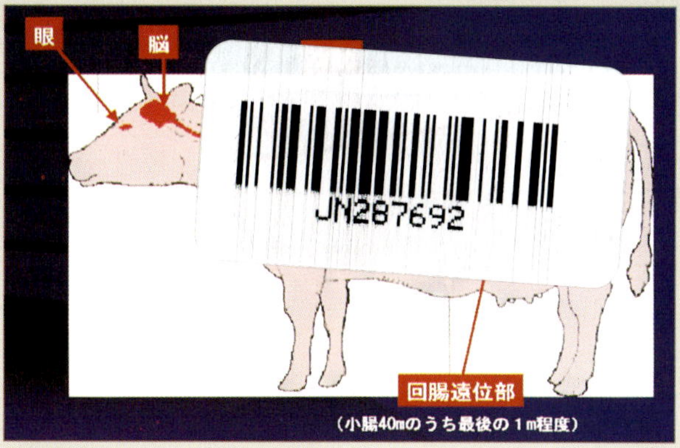

4. 特定危険部位（本文 119 頁）

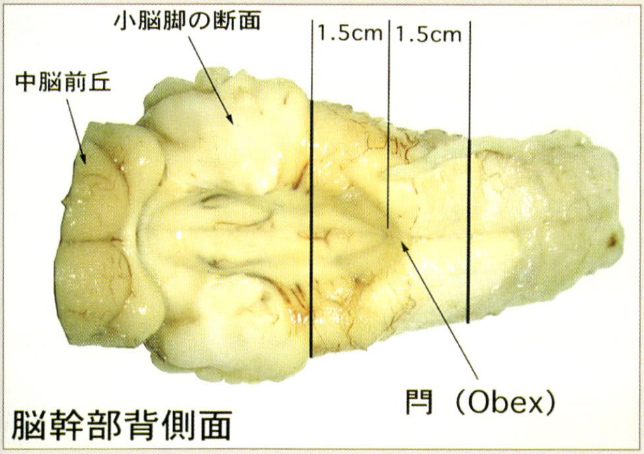

5. 迅速 BSE 検査のための脳組織. 閂（かんぬき）（本文 111 頁）
提供：動物衛生研究所

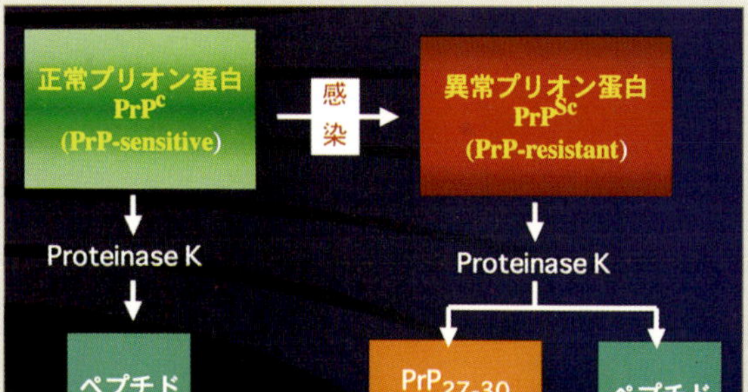

6. プリオン病の確定診断の原理（本文 21 頁）

プリオン病

＜第二版＞

BSE(牛海綿状脳症)のなぞ

山内　一也・小野寺　節

近代出版

プリオン病〈第二版〉序文

1966年3月に英国政府が発表した変異型クロイツフェルト・ヤコブ病（CJD）患者は，全世界にBSEパニックを引き起こし，それまではほとんど知られていなかったプリオン病への関心が高まった。日本では，当時プリオン病に関する書物は筆者（山内）が立石潤九州大学教授とまとめた専門家向けの「スローウイルス感染とプリオン」（近代出版）のみであった。そこで，一般向けの解説として急遽出版したのが，本書「プリオン病」の初版である。

その後，プリオン病に関する研究は基礎的な面とBSEを中心とした食の安全という応用面の両方でめざましい進展を示している。たとえば，多数のウシを用いて10年以上にわたる大規模な実験により，BSE発病ウシでの感染性の分布が明らかになり，それにもとづいた食肉の安全対策が確立されてきた。1996年当時，状況証拠のみからBSE感染が疑われた変異型CJDについては，BSE感染を示す科学的証拠が示されてきている。

一方，BSEは英国からの肉骨粉の輸出により世界各国に広がり始めた。2000年からヨーロッパ諸国でBSEの初発が続き，ついに日本でも2001年9月に千葉県でBSEの発生が初めて確認された。日本でのBSE発生は，予想外の大きな社会混乱を招き，食の安全性に関する大きな問題につながっていった。さらに，日本国内だけでなく，国際的にも大きな波紋が巻き起こされた。たとえば，日本への最大の牛肉輸出国であるオーストラリアは，日本への牛肉輸出が半減するという大きな経済的被害を受けている。

初版を刊行した頃はBSEについての本格的研究が開始されたところであった。本改訂版では，この5年あまりの間に得られてきた新しい知見をなるべくつけ加えるようにするとともに，古い情報でもこれまでの研究の経緯を理解するのに重要と思われるものはそのまま残すこととした。また，畜産や公衆衛生の現場にたずさわる人々に役立つように，新しい資料の追加も行った。

本改訂版が医学・獣医学にとどまらず専門外の多くの人々にも，BSEの科学的側面についての正しい情報提供に役立つことを望むものである。

2002年6月20日

山内　一也・小野寺　節

〈初版〉まえがき

約半世紀前にヒツジの病気の観察から提唱されたスローウイルス感染症は，ヒトの脳神経系の難病につながり，さらに病原体の本体の研究からプリオン病という新しい疾患の概念を生み出した。この間の研究の経緯はサイエンスドラマともいえる興味ある展開の様相を示してきた。それに加えて，10年前に英国で発生した牛海綿状脳症（BSE）は，我々の健康にかかわる公衆衛生上の大きな問題として国際的に大きなインパクトを与え，サイエンスドラマをさらに盛り上げてきている。

プリオン病の基礎となるプリオン説ほど多くの議論を巻き起こしたものは近年稀といえよう。提唱されてから14年の間にめざましい進展を遂げ，プリオン病の概念が多くの人によって受け入れられた現在，なお，プリオン説の重要な柱である蛋白そのものが病原体であるという点については，いまだに決定的な証拠は示されていない。この基本的な問題は，BSEをめぐる多くのなぞにもつながっている。

BSEが大きな社会問題としてとりあげられて以来，プリオンおよびプリオン病について，実に多くの疑問が筆者ら，少数のこの領域にかかわる専門家に寄せられた。しかし，昨年，筆者らによりまとめられた『スローウイルス感染とプリオン』（近代出版）を除いては，この分野の解説書は皆無である。本書は，BSEを中心にプリオン病についての現在の知見を専門家以外の多くの人達になるべく分かりやすく紹介することを目的にまとめた。

BSEをめぐる研究は現在めざましい進展を遂げている最中であ

り，本書で紹介した内容の多くは中間段階であって，今後さらに充実したものになることは疑いない。

これまで限られた専門家以外にほとんど知られていなかったプリオン病であるが，本書がその研究の現状，問題点，さらに21世紀に向けてのサイエンスとしての興味ある側面の理解に役立つことを願っている。

なお，巻末に簡単な参考書および文献を列記したが，BSEについての生情報の多くは筆者（山内）が下記の人達（アルファベット順）との直接のインタビューにより得たものである。

A.R. Austin (Central Veterinary Laboratory, UK), S. Bevin (Veterinary Advisor, State Veterinary Service, Ministry of Agriculture, Fisheries and Food, UK), J. Blancou (Director General, OIE, France), C. Bostock (Head, Department of Molecular Biology, Institute for Animal Health, UK), R. Bradley (BSE Co-ordinator, Central Veterinary Laboratory, UK), J. Collinge (Professor, Imperial College School of Medicine, UK), H. Diringer (Professor, Department of Virology, Division of Unconventional Viruses, Robert Koch Institute, Germany), J. Gorham (Agricultural Research Service, US Department of Agriculture, Chairperson of WHO Consultation on Animal and Human Spongiform Encephalopathies, 1991), R. Kimberlin (Scrapie and Related Disease Advice Service, UK), R. Reichard (Head, Science Department, OIE, France), M.T. Skinner (Secretary, Spongiform Encephalopathy Advisory Committee, Department of Health, UK), G.A.H. Wells (Head, Department of Neuropathology, Central Veterinary Laboratory, UK), J.W. Wilesmith (Head, Department of Epidemiology, Central Veterinary Laboratory, UK).

1996年9月

山内　一也・小野寺　節

目　次

目　次

1

プリオン病の研究の歴史

1 ヒツジの病気から生まれたスローウイルス感染の概念

1954年に，アイスランド大学実験病理学研究所長シーグルドソンBjörn Sigurðsson（**図1-1**）はロンドン大学で行った講演のなかで，当時アイスランドで多発していたヒツジの4つの病気，ビスナvisna，マエディmaedi，ヤーグジークテjaagsiekte，リダridaが普通のウイルス感染症と異なり，「奇妙に遅く進行する」ことを指摘し，これらの病気をスローウイルス感染と呼んだ。

彼がとりあげた4つのヒツジの病気は，今日では次のように整理される。

ビスナとマエディはレトロウイルス科レンチウイルス属に属する同じウイルスで，一般にビスナ・マエディウイルスと呼ばれている。ヤーグジークテウイルスは別のレトロウイルスであって，現在ではスローウイルス感染からは除外されている。リダはスクレイピーのアイスランドでの呼び名である。

ウイルス感染の特徴は3つに大別されており，それに新たにスローウイルス感染が加わった。それらの特徴は**図1-2**に示した。

第1は急性感染である。普通のウイルス感染では，感染

図1-1　シーグルドソン
スローウイルス感染の提唱者
(Margrét Gudnadóttir, Professor, University of Iceland より提供)

後数日ないし2〜3週の間に発病する。また，ウイルスによっては，発病することなく治ってしまうことも多い。生体の免疫反応のためにウイルスが身体から排除されるのである。これが典型的な急性感染であり，その代表的な例は

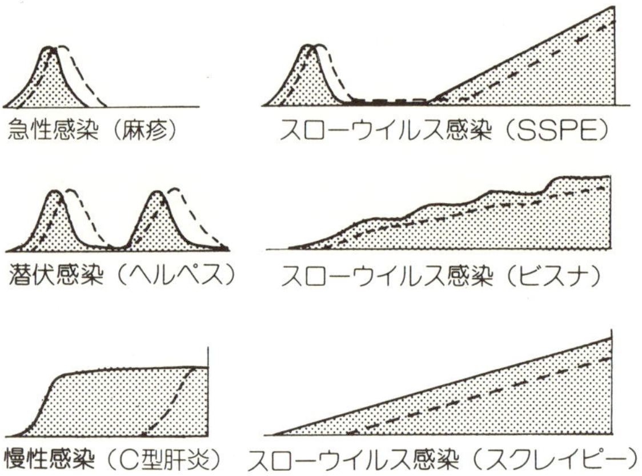

図1-2　ウイルス感染の各タイプ
実線：ウイルス増殖　破線：臨床症状
SSPE：亜急性硬化性全脳炎

麻疹（はしか）である。感染後，数日で熱，発疹などの症状が現れ，ほとんどの場合，2週間くらいで完全に回復し，ウイルスは身体から排除される。

第2は潜伏感染である。ヘルペスウイルスのひとつである水痘ウイルスは，子供のときに感染し，水痘を起こす。1週間くらいで症状はなくなり回復するが，ウイルスは神経細胞のなかに潜んでしまう。大人になって，これが再発すると知覚神経に沿った病変が出て帯状疱疹となる。このような感染は潜伏感染と呼ばれる。

第3は慢性感染である。この場合にはウイルスは排除されず，潜伏することもなく身体のなかで増殖を続ける。多くの場合，最初は症状を示さず，長い年月の後に発病する。

Ｃ型肝炎ウイルスがその一例である。

スローウイルス感染は，数カ月から数年におよぶ長い潜伏期の後に発病し，いったん発病すると，症状はゆっくりと，しかし確実に悪化していき，ほとんどの場合，死をもたらす。上の３つのタイプとはかけはなれた特徴といえる。

シーグルドソンがスローウイルス感染としてとりあげた病気は，結果的にみると，通常のウイルスによるもの（ビスナ，マエディ）と，プリオン病（スクレイピー）の両方を含んでいたことになる。

2 ヒツジの病気から ヒトの神経病へ

スクレイピーscrapieのヒツジへの伝達性の証明

19世紀にはすでに，スクレイピーが感染性らしいという疑いがかけられていて，伝達実験が試みられていた。しかし，実験的にスクレイピーの伝達を証明したのは，フランスのツールーズ獣医大学のキュイエCuilleとシェルChelleである。彼らは，発病したヒツジの脳，脊髄の乳剤を健康なヒツジの眼に接種する実験を行い，14～22カ月の潜伏期で病気が伝達できることを1936年に報告した。

ついで1939年には，ヒツジの跳躍病ワクチンがスクレイピーに汚染していて，多数のヒツジが感染する事件が起きて，スクレイピーの伝達性が再確認された（10頁参照）。シーグルドソンのスローウイルス感染の概念の提唱より20年近く前のことであり，これが現在の伝達性海綿状脳症の概念の出発点となったといえる。

クールーKuruの発見

1950年代に東部ニューギニアの海抜1,000～2,000メートルの高地に住む原住民フォアFore族の間でクールーという病気が流行していた。クールーはフォア語で「震える」の意味である。現地の医務官ジガスZigasは，1955年にこの病気をみつけ，ウイルス性脳炎の疑いがあったために，翌年に24名の患者の血清とグリセリンに保存されていた１名の死者の脳をオーストラリア・メルボルンのウォルター・エリザ・ホール研究所に検査のために送った。しかし，脳乳剤をマウスや孵化鶏卵に接種してもウイルスは分離されず，また血清中にも特に問題となるウイルスの抗体は検出されなかった。

ちょうどこの時に，ハーバード大学の小児科医でウイルス研究者であるガイジュセックGajdusek（**図1-3**）は，この研究所でインフルエンザウイルスなどの研究を行っていた。クールーの話に興味をもった彼は，米国への帰国の途中，現地を訪れ，ジガスとともにクールーの調査を始め，これが新しい神経疾患であることを1956年に報告した。その際，全部で2,500例以上の患者の発生を記録した。年間の死亡数は200例以上であった。

クールーの臨床症状は激しい震えと運動機能の障害で立っていることができず，症状は徐々に進行して普通３～９カ月で死亡した。

ガイジュセックらの論文を読んだ米国の獣医病理学者ハドローHadlowはその頃，英国でスクレイピーの研究を行っていた。彼はクールーの病変，臨床経過，疫学などがヒツジのスクレイピーに似ていることを指摘し，スクレイピーがヒツジからヒツジへと実験的に伝達できることから，クールーはサルに伝達できるのではないかという示唆を1959年に発表したのである。

クールーのチンパンジー伝達実験

この示唆に興味を抱いたガイジュセックは英国，アイスランドなどを訪れスクレイピーの研究の実状を調べた後，ハドローの示唆にしたがって獣医病理学研究者であるギブスGibbsと共同で，1963年から3人のクールー患者の脳乳剤のチンパンジーへの接種実験を国立衛生研究所（NIH）で開始した。その結果，18，20，21カ月後にチンパンジーは発病した。発病したチンパンジーの脳乳剤を別の健康なチンパンジーに接種すると，潜伏期は短縮し，10〜12カ月後に発病するようになった。

クールーの神経病変はヒトの神経疾患であるクロイツフェルト・ヤコブ病（CJD）に類似しており，両者の関係が当初から疑われていた。ガイジュセックらはクールーの接種実験に続いて，CJD患者の脳組織から乳剤を作り，それをチンパンジーに接種した。その結果1966年末に13カ月の潜伏期の後にチンパンジーが発病した。

ガイジュセックらは，その後，旧大陸産と新大陸産のいろいろな種類のサルへの伝達実験を精力的に推し進めた。1960年代にNIHの傘下に7つの霊長類研究センターが設立されていたが，そのほとんどで，ガイジュセック・グループの大規模な接種実験が行われた。

ここで，それまで獣医領域の病気であったスローウイルス感染が，ヒトの神経疾患の領域につながったのである。クールーとCJDが伝達性の病気であることを証明し，伝達性海綿状脳症の概念を確立した成果に対して，ガイジュセックは1976年にノーベル賞を授けられた。

図1-3　ガイジュセック

伝達性海綿状脳症の概念を確立した業績により
1976年ノーベル賞受賞。
(1979年9月，ドイツ・ハイデルベルク城にて，山内撮影)

3 スクレイピー病原体の異常性の発見

スクレイピーが感染性の病気であることは前述のとおり1936年に明らかにされていた。一方，当時ヒツジには跳躍病という病気があり，スクレイピーと同じく畜産に被害を与えていた。これはトガウイルスの一種による感染症であって，ワクチンによる予防が行われていた。

このワクチンは跳躍病ウイルスを接種したヒツジからウイルスが含まれている脳を採取し，その乳剤にホルマリンを加えてウイルスを不活化したものである。この方式は不活化ウイルスワクチンではごく一般に用いられている方法である。たとえば，日本脳炎のワクチンにはウイルス感染マウスの脳の乳剤をホルマリンで不活化したものが用いられている。

ところが，1939年に英国でこの跳躍病ワクチンの接種を受けた1万8千頭のヒツジのうち，7％に相当する1,200頭あまりがスクレイピーにかかってしまうという事件が起きた。このワクチンは0.35％のホルマリンで3時間以上処理されており，跳躍病ウイルスは完全に不活化されていたのだが，たまたま，ワクチン材料となったヒツジのなかにスクレイピーに感染していたものがいて，そのスクレイピー病原体がホルマリン処理でも生き残っていたことが原因と推定された。

この事件は，スクレイピー病原体が通常のウイルスでは考えられないような強いホルマリン抵抗性をもっていることを示したのである。

1950年代半ばには，英国のウイルソンWilsonがヒツジを用いた実験で，スクレイピー病原体がホルマリン抵抗性であるだけでなく，沸騰した湯のなかに30分浸けておいても不活化されないことを見いだした。さらに，紫外線にも強い抵抗性を示すことも見いだした。また，非常に驚くべきこととして，スクレイピーに感染したヒツジで，抗体の産生がみられないことも明らかにした。しかし，これらの性状はそれまでの微生物学の常識をはるかに越えたものであったため，ウイルソンはついに論文には発表しなかった。

その後，1961年に英国のチャンドラーChandlerはスクレイピーをマウスに順化させることに成功し，それまでのヒツジでの実験と異なり，均一の品質のマウスを多数用いるシステムが確立され，スクレイピー病原体の性状の研究への突破口が開かれた。そしてマウスでの研究の結果から，ウイルソンの成績は証明されたのである。

4 スクレイピー病原体の本体をめぐる議論

非通常ウイルス説

伝達性海綿状脳症の概念が，クールーおよびクロイツフェルト・ヤコブ病（CJD）についてガイジュセックにより確立されたものの，サルを用いた研究には技術的に限界があり，彼らはネコへの感染実験に切り換えたが，これもまた技術的に困難な面があって，病原体の本体の研究のほとんどは，スクレイピーのマウスモデルで進められてきた。

その結果，**表1-1**に示すように多くの異常な性状が明らかにされた。なかでも，抗原性がみつからないこと，ホルマリン，加熱，紫外線などに高い抵抗性を示すことは，通常のウイルスでは考えられないものであった。炎症反応がみられないこと，免疫抑制処置を行っても病像に変化が起こらないことなどは，抗原性の欠如の反映とみなされた。

このように多くの異常な性状から，ガイジュセックは，これらの病原体を非通常ウイルスunconventional virusと呼んだ。基本的にはウイルスの一種と考えたわけである。

プリオン説の誕生

現在，カリフォルニア大学の神経内科および生化学部の

表1-1 スクレイピー病原体の一般症状

1. 異常な性状
  1) 物理化学的性状
    以下の処理に対する異常に高い抵抗性
      ホルマリン
      β-プロピオラクトン
      EDTA(ethylenediaminetetraacetic acid)
      蛋白分解酵素
      核酸分解酵素(DNA 分解酵素，RNA 分解酵素)
      加熱

  2) 生物学的性状
    長い潜伏期(数カ月〜数年)
    炎症反応がみられない
    抗原性が見いだされない
    封入体・ウイルス粒子が検出されない
    インターフェロンの産生がみられない
    インターフェロンに非感受性
    以下の免疫抑制処置で病像の変化が起こらない
      コーチゾン投与
      シクロフォスファミド投与
      X線照射
      抗リンパ球血清投与
      胸腺摘出
    培養細胞での細胞変性効果がみられない

2. 通常ウイルスに類似の性状
    粒子サイズが小さい(100nmフィルター通過)
    動物での感染価測定が可能(LD_{50})
    脳内での高い増殖性(10^8〜10^{12}/g)
    増殖にエクリプス(暗黒)期が存在する
    体内での増殖様式(脾→細網内皮系→脳)
    細胞培養における増殖が可能
    細胞融合活性

表1-2 スクレイピーのバイオアッセイ法の比較

	終末希釈法	潜伏期法
齧歯類	マウス	ハムスター
観察日数	360	60〜70
動物数	60	4
サンプル希釈	10^{-1}〜10^{-10}	10^{-1}

教授を兼ねているプルシナーPrusiner（**図1-4**）は，研修医であった1972年に彼の患者のひとりがCJDで亡くなったのに遭遇して，CJDの原因を調べ始め，なぞに包まれているのに衝撃を受けた。これがきっかけでCJDの本体の研究は彼のライフワークとなった。研究モデルとして取り上げたのはスクレイピーである。酵素化学の研究にも携わっていた彼にとって，伝達性であるスクレイピーやCJDの本体は非常に興味あるテーマとなった。

それまで，スクレイピーの性状に関する研究はマウスのモデルで行われていたが，マウスが発病するまで約１年も待たなければならず，また感染価を測定するには材料を希釈して，それぞれの希釈液を数匹のマウスに接種しなければならなかった。

プルシナーが開発したシステムは，ハムスターにスクレイピーを順化させた結果，短い潜伏期で発病するようになった病原体の株を用いるものである。このシステムでは潜伏期の長さと病原体の量の間に直線関係が成立することを利用して，感染価を推定する方式が考案された。**表1-2**は彼のハムスターシステムと当時のマウスでのアッセイ・シス

図1-4　プルシナー
プリオン説の提唱者
〔1994年10月20日，日本ウイルス学会（東京）懇親会にて〕

テムを比べたものである。1サンプルについて60匹のマウスを360日間観察していたのが，新しいシステムで4匹のハムスターを60～70日間観察することで，結果を得ることができるようになったのである。普通のウイルスの感染価の測定であれば培養細胞を用いて約1週間で行えるのであるから，比べものにならない原始的な方法であるが，それまでのマウスの実験系よりは100倍は研究の効率が上昇した。

この方法を利用して測定した感染価を目印としてスクレイピー感染ハムスターの脳乳剤の精製を行った結果，最後に残った部分を調べてみると，これはほとんどが蛋白から成り立っていて，蛋白分解酵素の処理により感染性がなくなるが，核酸分解酵素など核酸を破壊する処置には影響を受けないことが明らかになった。

そこでプルシナーはスクレイピーの病原体は蛋白であるという結論に達し，1982年にこれを感染性の蛋白粒子proteinaceous infectious particle，略してプリオンprionと命名した。そのままではプロインproinの略のはずだが，oとiを逆にして物質の単位であるイオンやプロトンのイメージを加えたところにネーミングの効果があったとみなせる。またウイルス粒子の別名としてvirion（ビリオン）という呼び名もあり，病原体としての関連ももたせたことになる。

セントラルドグマとの戦い

ワトソン，クリックのDNA二重らせん構造の発見以来，DNAにのっている遺伝情報を鋳型として，メッセンジャーRNAが転写され，それをもとに蛋白が合成される経路が，蛋白合成に関するセントラルドグマとなっていた。すなわち，遺伝情報のもとはDNA（RNAウイルスではRNAが鋳型となってメッセンジャーRNAが転写される）にあるというのが，分子生物学の大前提であった。

プリオン説では，蛋白が鋳型となって蛋白の増殖が起こることになり，セントラルドグマと真っ向から対立するものと受け取られ，猛烈な批判が起こった。

3年ごとに開かれている国際ウイルス学会が，仙台で開かれたのは1984年である。プリオン説に関する論文が発表されて2年後のことである。プリオンに関する特別セッションが開かれたが，すさまじい討論の場となった。ただひとりプリオン説を主張するプルシナーに対し痛烈な批判が行われたのを今でも覚えている。1994年秋に，たまたま筆者（山内）が彼とふたりで箱根でひとときのリラックスした時間を楽しんでいた際に，プルシナーはこの時のことを回顧して，プリオン説を撤回しろという圧力が高名な研究者達から加えられたと語っていた。

プルシナーはノーベル賞をねらってあのような説を発表したのだという批判も多く出された。しかし，後述するように現在ではプリオン説を支持する成果が蓄積してきている。核酸を欠いた蛋白のみが病原体かどうかについては，いまなお議論が残っているが，発病に深くかかわっていることは疑いないとみなされる。

1994年にノーベル賞の前段階といわれるラスカー賞を受賞し，1997年には「プリオン説を提唱し，伝達性海綿状脳症の原因因子に関するまったく新しいジャンルを見いだし，それらの作用機構の基盤となる原理の推定を行った先駆的功績」に対してノーベル賞が授与されたのである。

プリオン病の概念の確立

1985年に，スクレイピーのサンプルから精製したプリオン蛋白のアミノ酸配列の一部をもとにプリオン遺伝子の分離が，スイス・チューリッヒ大学のエッシュOeschにより発表された。それによるとプリオン遺伝子は細胞の遺伝子であって，ウイルスのような外来性のものではなかった。

正常な細胞遺伝子が作る蛋白が，どのようにして増殖し，病気を起こすのか，新たな問題が提起されたのである。正常なプリオン蛋白（PrP^C）注とスクレイピー発病動物のプリオン蛋白(異常プリオン蛋白：PrP^Sc)注を比較すると，アミノ酸配列では差はみられない。すなわち，遺伝子のレベルでの変化ではなくて，正常なプリオン蛋白が産生された後になんらかの機作で異常なものに変わっていることが推測された。正常な細胞のなかに存在する癌遺伝子が変異を起こして，細胞の癌化を起こすような機作とは違うわけである。

異常プリオン蛋白が病原体そのものであれば，ちょうど，細菌を純培養して病原性を証明するように，異常プリオン蛋白を精製して実験動物で病気を起こすことを証明する必要がある。高度に精製したスクレイピー病原体はSDS（ドデシル硫酸ナトリウム）ポリアクリルアミドゲル電気泳動で調べると，1本のバンドとして検出される。しかし，SDSの処理でスクレイピー病原体の感染性は失われるため，このバンドについて感染性を調べることはできない。また，プリオン遺伝子をマウスの細胞で発現させて産生させた正常プリオン蛋白に異常プリオン蛋白を加えることで，試験管内での異常化もできている。ところが，添加する異常プ

PrP^c：cellular prion proteinの略号
PrP^Sc：scrapie-type prion proteinの略号

リオン蛋白に感染性があるため，新たに作られた異常プリオン蛋白の感染性を証明することができない。このような技術的な問題があるために，異常プリオン蛋白が病原体そのものであることの証明はまだできていない。

プリオン遺伝子の分離とプリオン蛋白の構造が明らかになり，プリオンの研究の中心はふたたびマウスに戻っていった。プリオン遺伝子の分離報告の翌年，1986年に米国ジャクソン研究所のカールソンCarlsonはプリオン遺伝子がマウスでのスクレイピーの潜伏期を支配していることを見いだした。それまでにヒツジの品種により，またマウスでは系統により，スクレイピーの潜伏期が異なることが知られていた。これらの遺伝子はヒツジでは*Sip*（scrapie incubation period），マウスでは*Sinc*（scrapie incubation）と呼ばれていた。*Sinc*遺伝子がプリオン遺伝子と密接に連関していることが明らかになったのである。その後，ヒツジの*Sip*遺伝子でもプリオン遺伝子と連関のあることが示されている。

この研究の成果はヒトの病気につながっていった。CJDに類似した臨床所見や病変がみられるゲルストマン・シュトロイスラー・シャインカー病Gerstmann Sträussler Scheinker disease（GSS）という病気があるが，これは家族性に起こる遺伝病的な点が特徴である。このGSSの家系について，プルシナー研究室のシアオHsiaoは1989年に，プリオン遺伝子のコドン102がプロリンからロイシンに置き換わっていることを発表した。同じ時に，九州大学脳神経研究施設の立石潤教授の研究室の堂浦克美もまた，同じ結果を発表した。ヒツジやマウスでみられていたプリオン遺伝子の関わる発

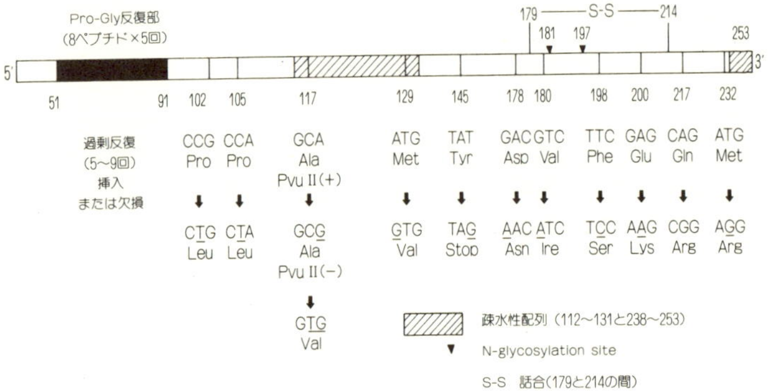

図1-5 プリオン遺伝子の変異

(スローウイルス感染とプリオン，1995，近代出版より)

病要因が，ヒトの神経疾患でもみつかったのである。

その後のヒトでのプリオン遺伝子の変異についての研究は，立石グループの北本哲之（現 東北大学教授）を中心に進展していった。これまでにヒトで見いだされたプリオン遺伝子の変異は**図1-5**に示したとおりである。

ヒツジの品種の間では古くから*Sip*遺伝子が，スクレイピー感受性に関わっていることが知られていたが，*Sip*遺伝子もプリオン遺伝子に連関していることが明らかになった。すなわち，ヒツジのプリオン遺伝子のコドン136のアミノ酸がバリンの場合，スクレイピーSBI-1株に対し感受性であって，アラニンになると抵抗性になり，またコドン171がグルタミンの場合スクレイピーCH1641株に対し感受性で，アルギニンへの変異で抵抗性になることが明らかにされた。

一方，CJDの患者の脳組織については，異常プリオン蛋白

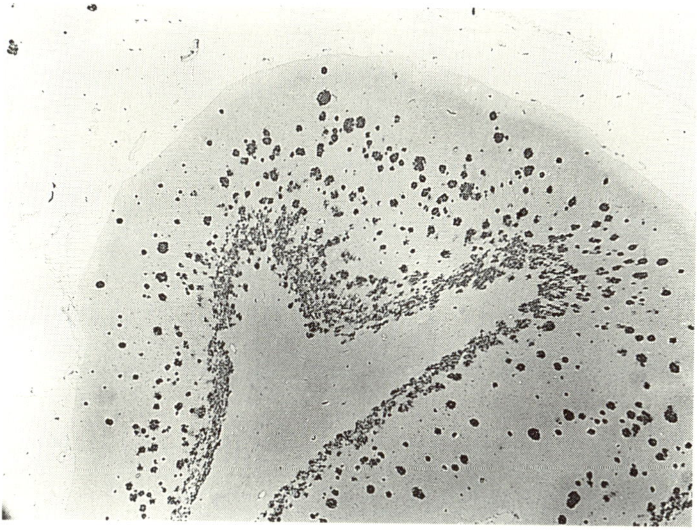

図1-6　大脳皮質のクールー斑にみられる異常プリオン蛋白の蓄積（免疫組織化学染色）
（北本哲之東北大学教授提供）

を染色する方法が北本哲之により開発された。それは脳の組織切片を95％という高濃度のギ酸に浸した後，プリオン蛋白に対する抗体で染色する方法である。この処理で正常プリオン蛋白は染まらず，異常プリオン蛋白だけが検出されるようになる（**図1-6**）。なお，この方法は現在では，CJD，牛海綿状脳症の確定診断のための重要な手段となっている。

スクレイピーやCJDのマウスモデルでは，脳の組織乳剤をまず蛋白分解酵素であるプロテネースKで処理を行うと，正常プリオン蛋白は破壊される。このサンプルを電気泳動にかけ，プリオン蛋白に対する抗体で染色するウェスタ

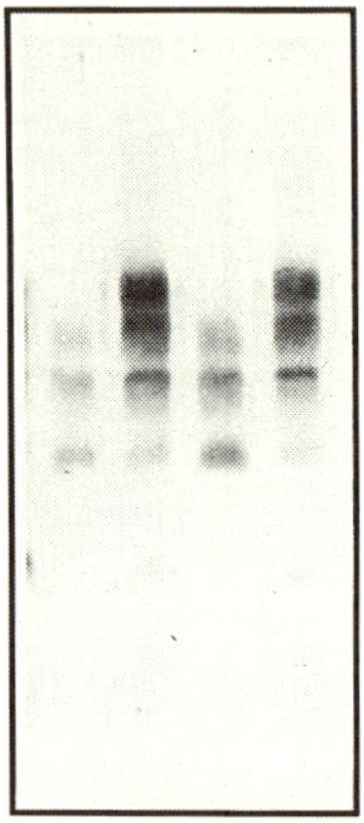

図1-7　ウェスタン・ブロット法で検出された異常プリオン蛋白
プロテネースK処理（－）には，正常プリオン蛋白の幅広いバンドがみられる。プロテネースK処理（＋）にみられるバンドが異常プリオン。
（北本哲之東北大学教授提供）

ン・ブロット法で異常プリオン蛋白が検出される（**図1-7**）。この方法は剖検脳を材料としなければならないが，スクレイピー，CJDなどの診断にも役立つようになった。現在さらに鋭敏な検出法について開発研究が進められている。

プリオン遺伝子がCJDの発病の遺伝要因に関わっていることが明らかになり，異常プリオン蛋白がCJDの診断にも利用できるようになったのである。

1992年にはチューリッヒ大学のビューラーらが，プリオン遺伝子を欠いた，いわゆるノックアウトマウス[注]を作出したところ，これらのマウスではスクレイピー病原体を接種しても発病しないことが明らかにされた。この結果は，発病にはプリオン蛋白の存在が必須であることを裏付けたもので，プリオン説を支持する重要なものといえる。

このようにしてプリオンがスクレイピー，CJDなどの伝達性海綿状脳症の発病に深く関わっていることが証明され，プリオン病の概念が確立したのである。

ノックアウトマウス：特定の遺伝子が破壊されたマウスであって，そこで障害を受ける機能を調べることにより，その遺伝子の生体での機能を推測できる。

2

プリオンの性状

1 プリオン遺伝子

プリオン遺伝子はヒトでは第20染色体，マウスでは第2染色体に位置している。系統発生的にみると，もっとも原始的な真核細胞である酵母からみつかっている。

プリオン遺伝子（**図2-1**）は，マウス，ラット，ヒツジでは3つのエクソンからなり，蛋白に翻訳されるオープンリーディングフレームは3番目のエクソンの中に存在する。これに対しヒトやハムスターでは2つのエクソンからなり，オープンリーディングフレームは2番目のエクソンの中に存在する。動物種で若干異なるが，約250個のアミノ酸の情報が含まれている。**図2-2**にラットのプリオン遺伝子を基本にしたプリオン蛋白の構造を示した。

哺乳動物の間で，プリオン遺伝子は良く保存されている。ヒト，ハムスター，マウス，ヒツジ，ウシ，ミンクの間でのプリオン蛋白の相同性は80％以上と高い（**表2-1**）。種々の動物種間でのプリオン遺伝子の関係は，**図2-3**の系統樹に示したとおりである。

プリオン遺伝子が酵母から哺乳動物にまで存在することは，この遺伝子が作るプリオン蛋白がなにか重要な役割を果たしていることを示唆している。遺伝子の生体での機能

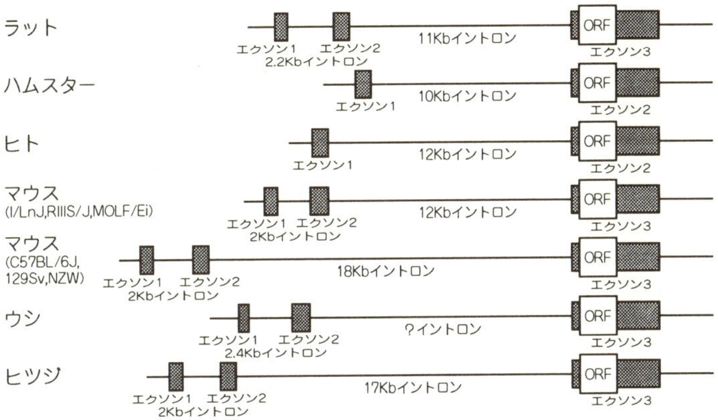

エクソン：DNA塩基配列のなかで、mRNAに転写される部分　　イントロン：mRNAに転写されない部分
ORF：蛋白翻訳領域，open reading frame　　Kb：1,000塩基

図2-1　プリオン遺伝子の構造

動物種によりプリオン遺伝子のエクソンの数やイントロンの長さが異なる。

を調べる研究には，ノックアウトマウス（23頁参照）がもっとも多く用いられており，数多くの遺伝子の機能が，この方法で明らかになってきている。

プリオン遺伝子については，ビューラーが作出したプリオン遺伝子ノックアウトマウスでは，行動にも繁殖にもなんら異常はみられなかった（前述）。結局，この実験ではプリオン蛋白の機能はわからなかったのである。この論文が発表された「ネイチャー」誌の表紙にはこのノックアウトマウスの写真が掲載された。

その後，プリオン蛋白の機能についてのノックアウトマウスでの成績が蓄積してきた。それらを整理してみると**表2-2**のようになる。

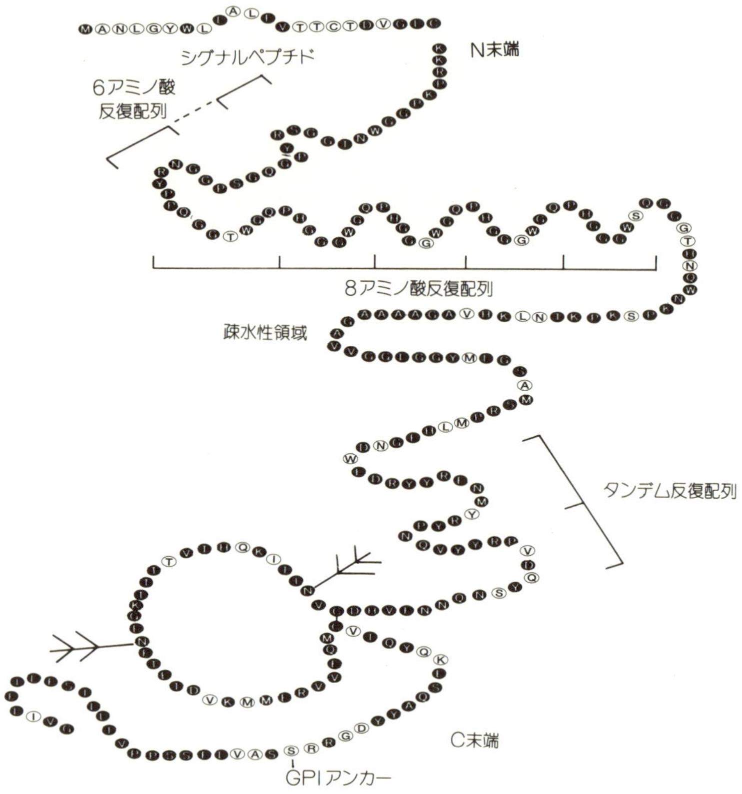

図2-2　ラットプリオン遺伝子を基本にしたプリオン蛋白の構造

黒丸はマウス，ラット，ハムスター，ウシ，ヒト，ヒツジにおいて相同な部分。白丸は相同ではない部分。8個のアミノ酸の反復配列はヒツジ，マウス，ラット，ハムスターでは5回あるが，ウシでは5または6回，ヒトでは5回またはそれ以上ある（佐伯・小野寺原図）。

A：アラニン，C：システイン，D：アスパラギン酸，E：グルタミン酸，F：フェニルアラニン，G：グリシン，H：ヒスチジン，I：イソロイシン，K：リシン，L：ロイシン，M：メチオニン，N：アスパラギン，P：プロリン，Q：グルタミン，R：アルギニン，S：セリン，T：スレオニン，V：バリン，W：トリプトファン，Y：タイロシン

表2-1　各種プリオン蛋白(PrP)間のアミノ酸の相同性(%)

	ヒト	ハムスター	マウス	ヒツジ	ウシ	ミンク
ヒト	―	87	89	90	88	88
ハムスター		―	93	88	86	85
マウス			―	87	84	84
ヒツジ				―	94	94
ウシ					―	93
ミンク						―

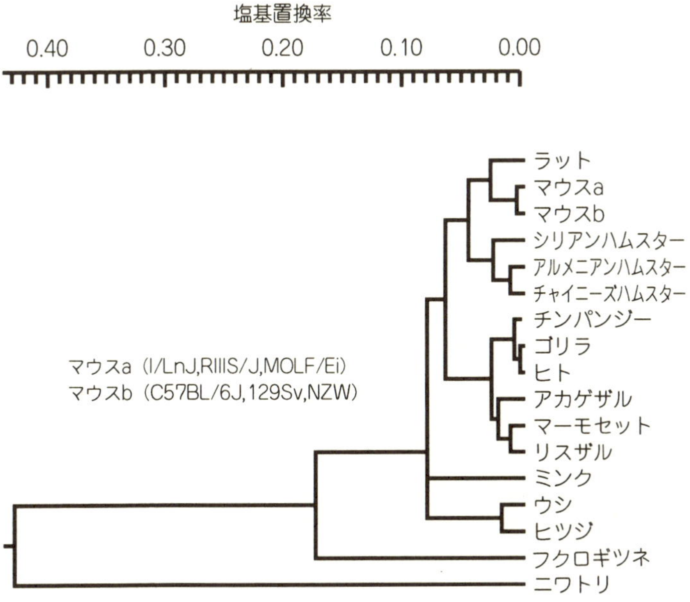

図2-3　プリオン遺伝子翻訳領域を用いた系統樹

表2-2 プリオン蛋白遺伝子ノックアウトマウスにおける議論

		ZN型
Büeler H, 1992	異常行動を示さない	ZN-1型
Collinge J, 1994	大脳海馬のCA1領域(学習と記憶に関係)の長期増強 long term potentiationの遅延	ZN-1型
Tobler I, 1996	日内周期異常や睡眠周期の異常	ZN-1型
Iledo P, 1996	脳スライスを用いた電気生理は正常	ZN-1型
Sakaguchi S, 1996	老齢において小脳プルキニエ細胞の変性脱落，小脳性運動失調	ZN-2型
Weissmann C, 1996	第3エクソンの前の800塩基が神経細胞の維持に必要	ZN-2型
Brown D, 1997	神経組織のCu/Zn SOD減少による活性酸素の感受性	ZN-1型
Mabbot N, 1997	Tリンパ球のマイトジェンに対する反応性の低下	ZN-1型
Kuwahara C, 1999	株化神経細胞におけるアポトーシスの発生，遺伝子導入により回復	ZN-2型
Moore RC, 1999	行動異常蛋白(doppel)の産生	ZN-2型

正常プリオン蛋白（PrP^c）の機能に関する研究

PrP^cはGPIアンカーにより細胞表面に付着しているため，レセプターあるいは付着蛋白としての機能が疑われてきている。しかし，前述のビューラーのプリオン蛋白遺伝子を破壊したノックアウトマウスでは，24カ月齢になっても，神経，筋肉，免疫系に何の異常もみられなかった。この事実は，PrP^cはマウス全体の機能に必ずしも必須ではないことを示唆していた。さらに，スクレイピーやプリオン病の発生機構は異常プリオン蛋白（PrP^{Sc}）によるPrP^cの合成阻害によるものではないことをも示した。したがって，PrP^{Sc}の蓄積が細胞内に代謝異常を起こす結果，発病すると考えられることになる。一方PrP^{C}はリンパ球の分裂を促進するとの報告があるが，ノックアウトマウスのリンパ球もマイトジェン（幼若化促進物質）に対して正常の反応性を示すとの報告もあり，定説にはなっていない。他の報告ではPrP^{C}が神経細胞の中心部から末端に移動することから，この物質は中枢および末梢神経において神経内物質の伝達を担うと考えられている。免疫組織化学ではPrP^{C}は神経筋接合部に限局するとの報告もみられる。

前述のビューラーのノックアウトマウスでは何の行動異常も認められなかったが，1994年にロンドン大学のコリンジらは，ワイスマンのノックアウトマウスの脳を用いた研究により，このマウスでは大脳海馬のCA1領域（学習と記憶に関係）の長期増強 long term potentiation に遅延が起きていることを明らかにした。

ついで1996年には，ノックアウトマウスを用いた多数の研究発表がなされている。トブラーらは，ビューラーのマウスにおいて日内周期異常や睡眠周囲の異常を見いだしている。イエドとプルシナーらは独自のノックアウトマウスの脳スライスを用いた研究で，何らの電気生理学的異常もみられないとしている。ところが，坂口末広らは彼ら独自のジーンターゲッティング・カセットを用いたプリオン遺伝子ノックアウトマウスで，老齢期に小脳プルキニエ細胞の変性脱落，小脳性運動失調がみられたとしている。ワイスマンらは，坂口の研究を忠実に追試したところ，やはり同様の行動異常を認めた。そこで，1992年に発表したノックアウトマウスをZN（Zurich Number）-1系，1996年追試で作出したノックアウトマウスをZN-2系と命名した。ZN-2系マウスプリオン遺伝子第3エクソン上流の約800塩基が欠損していることから，この遺伝子部分の作用によりプルキニエ細胞が維持されていると推論した。

1997年にブラウンらはワイスマンらのZN-1マウスについて神経細胞の培養を行ったところ，培養は困難で，その原因としてはZN-1系細胞は活性酸素に対し高感受性であると推論した。また，最近の我々（小野寺）の研究では，プリオン蛋白遺伝子ノックアウトマウス由来のリンパ球はマイトジェンに対する反応性が低下している。

2 プリオン蛋白の性状

プリオン蛋白は細胞膜に存在する糖蛋白である。細胞膜にはグリコシル・ホスファチジル・イノシトル（GPI）アンカーでつながっている。正常プリオン蛋白（PrP^{C}）と異常プリオン蛋白（PrP^{Sc}）の性状を比較すると**表2-3**のようになる。大きな性状の違いは蛋白分解酵素に対する抵抗性であり，現在のところ，これが両者を区別する唯一の手段である（22頁：**図1-7**）。

培養細胞の実験系でプリオン蛋白の合成を調べた結果，**図2-4**のような経路が推測されている。通常の蛋白と同様に小胞体で産生されたPrP^{C}は細胞膜へと運ばれGPIで細胞膜に結合して存在する。これがエンドサイトーシス（飲細胞作用）で細胞内に取り込まれ，PrP^{Sc}と会合してPrP^{Sc}に転換され，リソソーム内に蓄積する。この会合の際に別の未知の蛋白もかかわっている可能性が推測されている。

正常プリオン蛋白は合成時間が短く，細胞膜の上で急速に破壊されていく。異常プリオン蛋白は合成時間がはるかに長く，細胞内に蓄積して分解されにくい。

正常プリオン蛋白と異常プリオン蛋白の間にはアミノ酸配列の面では差がなく，蛋白に翻訳された後，表面に糖鎖

表2-3　正常プリオン蛋白(PrP^{c})と異常プリオン蛋白(PrP^{Sc})の性状

	PrP^{C}	PrP^{Sc}
蛋白分解酵素抵抗性	−	＋
細胞局在	細胞表面	細胞内
GPIアンカー	あり	あり
PIPLC*による細胞表面からの遊離	＋	−
合成時間(1/2)	＜30分	6～15時間
半減期	5時間	＞24時間
二次構造 α-ヘリックス	42％	30％
β-シート	3％	43％

* PIPLC：phosphatidyl inostol-specific phospholipase C

やリン酸化などの修飾が加わって異常プリオン蛋白に変わるものと考えられている。異常プリオン蛋白の糖鎖構造については，1989年に東大医科学研究所の木幡陽教授と遠藤玉夫助手が発表している。プルシナーから送られてきた精製プリオン蛋白についての糖鎖解析であったが，解析ができたのは異常プリオン蛋白の糖鎖である。これは不溶性なので，精製度の高いサンプルが送られてきたが，一方，正常プリオン蛋白の方は，可溶性であるため，精製が難しく不十分であった。1999年にオックスフォード大学のラッド Rudd はプルシナー，木幡らとの共同研究により，正常プリオン蛋白の糖鎖構造も明らかにした。糖鎖構造の差は見いだされたものの，これだけで異常化の説明はできていない。

一方，糖鎖形成を阻害するツニカマイシン処理を行ってもスクレイピー病原体の感染性に変化がみられないことから，糖鎖は感染性にあまり重要ではないとの意見もある。

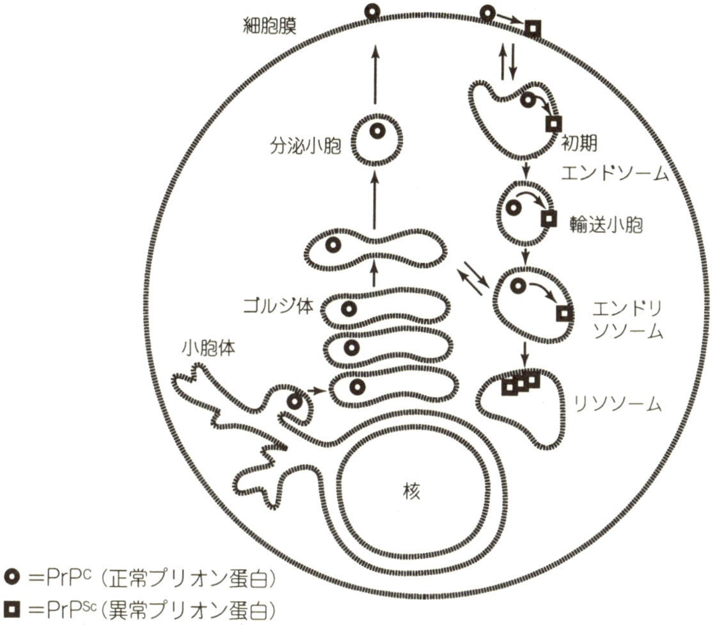

図2-4　PrPcの形成とPrPScの蓄積

蛋白の二次構造の面では，正常プリオン蛋白は42％がα-ヘリックスでβ-シート構造は3％であるのに，異常プリオン蛋白ではα-ヘリックス構造が若干減少し，β-シートが43％と著しく増加している。このことにより蛋白の立体構造が変化し，酵素で分解されにくくなると考えられている。

マウスの実験では，脳に空胞が生じる前に異常プリオン蛋白は細胞の外側に蓄積する。これは蛋白分解酵素に部分的抵抗性があるために，正常な場合のように分解されないためと考えられている。

培養細胞では，異常プリオン蛋白はリソソームのなかに検出される。空胞はリソソーム・マーカーで染まり，またユビキチンとタウ蛋白の存在が認められる。これらは神経変性に伴ってみられる蛋白で，異常プリオン蛋白の蓄積で細胞膜の機能が異常になったためと考えられている。

3 プリオンの増殖

蛋白が鋳型となって，蛋白が増殖するという考えはセントラルドグマに反するものとして，大変な反論にあったことは前述のとおりである（16頁参照）。

現在一般に説明されている機構は，**図2-5**に示すような二量体（２つの分子が結合して１つの構造となったもの）説と核依存重合説である。

前者は，プルシナー博士により1982年に提唱された。外部から接種された異常プリオン蛋白または内部で自然に生じる異常プリオン蛋白が，正常なプリオン蛋白に作用してヘテロ・ダイマーを形成し，異常プリオン蛋白に変えていく。この異常プリオン蛋白はさらに周辺の正常プリオン蛋白を異常プリオン蛋白に変えていく。その結果，雪だるま式に異常プリオン蛋白が増えていくことになる。

後者は，ボストン大学においてランズベリー博士により提唱された。異常プリオン蛋白は多量体として凝集しており，それに１分子の正常プリオン蛋白が結合し，構造変換を起こすという考え方である。

プリオン病のタイプは感染性，孤発性，遺伝性の３つに分けられる。

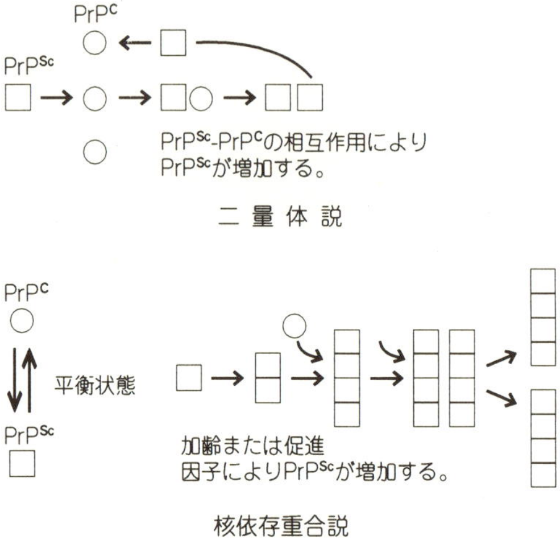

図2-5　二量体説と核依存重合説

PrP^{C}：正常プリオン蛋白　PrP^{Sc}：異常プリオン蛋白

感染性：接種実験のような場合である。外から接種された異常プリオン蛋白が宿主の正常プリオン蛋白に働いて，異常プリオン蛋白に変えていくというプリオン・ダイマー説で説明が可能である。

孤発性：クロイツフェルト・ヤコブ病(CJD)が100万人に1人の割合で起こるような場合である。この場合，異常プリオン蛋白がどこからくるのかは不明である。自然の状態でも異常プリオン蛋白がわずかながらできてきているが，蓄積する速度が非常に遅く，発病にいたるまでの潜伏期は寿命を越えてしまうのではないかという考えもあるが，理論的根拠はとくにない。

遺伝性：プリオン遺伝子の変異によるものである。ヒツジやマウスの感染実験では，潜伏期がプリオン遺伝子のタイプにより短縮する。ヒトのCJDの場合も同様の性質のものと推測される。プリオン遺伝子に変異のある宿主では，正常プリオン蛋白が異常プリオン蛋白に変わるのが早いのか，それとも，できてきた異常プリオン蛋白が凝集しやすい性質をもっていて，短い潜伏期で発病するのではないかなど，いろいろな可能性が推測されている。

4 プリオンによる発病の機構

1960年代に行われたスクレイピーのマウスモデルでの研究で，感染価はまず，脾臓，リンパ節といったリンパ組織にみつかり，それにひきつづいて脳に感染価の増加が起こることが明らかにされていた。脳のなかの感染価が最高値に達する数週間前から脳での病変が出現する。リンパ組織では病原体の増殖があるにもかかわらず，病変はみつかっていない。

当時九州大学の立石潤グループは，クロイツフェルト・ヤコブ病（CJD）のマウスモデルで彼らが開発したギ酸処理後の免疫組織化学染色により異常プリオン蛋白の組織内分布を調べた。その結果，小腸のリンパ組織であるパイエル板の濾胞樹状細胞にまず異常プリオン蛋白の出現を認め，徐々にリンパ組織に広がり，脳内へ出現することを見いだしている。

異常プリオン蛋白は神経細胞の細胞質に蓄積する。蛋白分解酵素に抵抗性で，二次構造がβ-シートを主体とする異常プリオン蛋白は排除されにくい性質のものとみなせる。異常プリオン蛋白の蓄積により神経細胞には空胞ができ，これが増えることにより海綿状変性の病変となる。

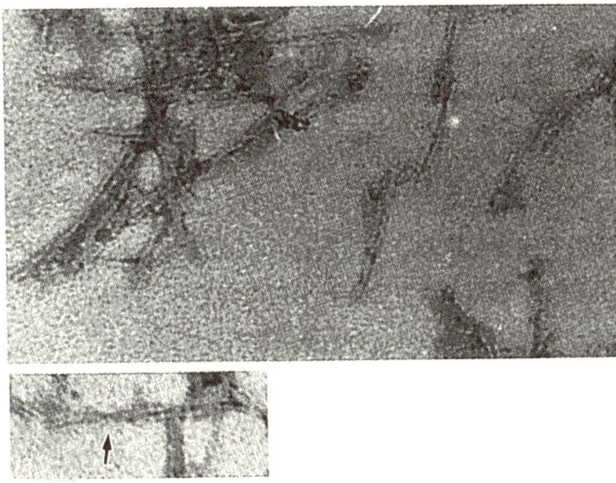

図2-6　マウスのスクレイピー関連線維（SAF）の電子顕微鏡像

矢印はねじれが明瞭なSAF。ネガティブ染色　×84,000

（品川森一帯広畜産大学教授提供）

スクレイピー感染マウスやCJD患者の脳を精製し，電子顕微鏡で観察すると微細線維状構造が観察される。これはスクレイピー関連線維scrapie associated fibril（SAF：**図2-6**）と呼ばれるもので，プリオン蛋白の凝集によるものと考えられている。

クールーでは脳のなかにアミロイド斑（クールー斑）と呼ばれる変化がよくみられる。これも異常プリオン蛋白が凝集したものである。CJDやスクレイピーではアミロイド斑はまれにみつかるだけで，多くの場合，異常プリオン蛋白は散在しており塊としてはみつかってこない。

5 異常プリオン蛋白への変換を阻止する試み：プリオン病の治療

試験管内，細胞培養または動物への感染実験で，正常プリオン蛋白が異常プリオン蛋白に変わるのを阻止する試みが行われている。これは将来，プリオン病の治療または予防につながることが期待されている。

細胞培養では，コンゴレッドが異常プリオン蛋白の蓄積を阻止することが見いだされている。またアンフォテリシンBや硫酸デキストランが，動物実験で発病を遅らせることが見いだされている。フランスではアンフォテリシンBの毒性を低くした誘導体について，発病防止効果をハムスターで試みている。

今のところ，いずれも病原体を接種する前，または接種と同時に与えた場合に限られており，発病後の治療には無効である。

最近，プルシナーのグループは変異型CJD患者にマラリアの治療薬であるキナクリンと精神分裂病の治療薬クロルプロマジンを併用投与した結果，臨床症状が改善したことを見いだしている。しかし，有効性は不明であり，またこの患者は肝障害を起こしたために治療は中止された。

6 種の壁

スクレイピー病原体を異種動物に接種した際，初代は潜伏期が長く，その後の継代で潜伏期が短くなり，何代かの継代で潜伏期が一定となる。この現象を“種の壁”と呼んでいる。

スクレイピー病原体はマウス，ラット，ハムスター，スナネズミなどの齧歯類，ミンク，スカンク，アライグマなどの食肉類から，カニクイザル，アカゲザル，リスザル，クモザルなど霊長類に伝達可能なことが示されている。国立予防衛生研究所（現 国立感染症研究所）では，福島県で見いだされたスクレイピー・ヒツジの脳乳剤と，マウスで継代したものを1993年にリスザルに接種し，前者では1998年と99年に，後者では1996年に発症がみられた。

普通は長い潜伏期と低い発病率という形で種の壁がみられるが，ときにはまったく伝達されない，一見，絶対的とみえる種の壁もある。

種の壁を越える際には，株の選択およびドナー動物種効果donor species effectという２つの現象が観察されている。これらの代表的な例は，**図2-7**に示したスクレイピー病原体のマウスとハムスターの間の伝達実験である。ハムスター

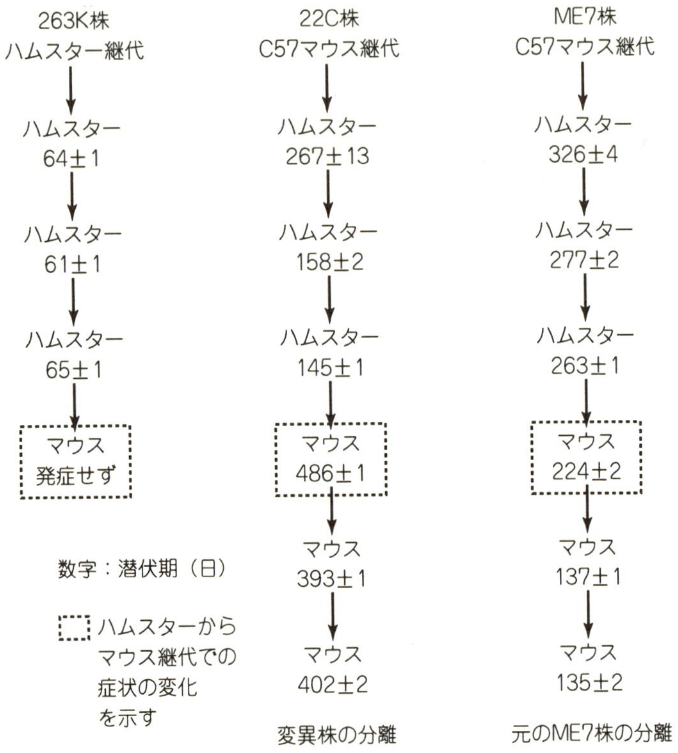

図2-7　種々のスクレイピー株にみられる種の壁と変異の現象

(Kimberlin, R. H. : *Intervirology* **35** : 208-218, 1993)

継代のスクレイピー263K株はハムスターで60日前後という短い潜伏期を示す。しかし，マウスに接種した場合には730日まで観察しても，マウスへの伝達はできず，絶対的な種の壁の存在が推測される。この263K株はヒツジからラットで分離されたスクレイピー株が，ハムスターで継代されてきたものである。最初，ハムスターに接種した際には300日以上の潜伏期であったが，2代目からは潜伏期が120日前後となり4代目以降は60日とさらに短くなった。これは，病原体が非常に早いスピードで増殖した結果，変異株が選択されたことによるものと考えられている。

一方，マウス継代 22C 株は最初，ハムスターで長い潜伏期を示すが，2代目からは短くなった。これは種の壁を越えた結果とみなされる。しかし，再びマウスに戻したところ，3代まで継代しても400日以上の長い潜伏期を示しており，もとのマウス継代株の性質には戻らなかった。これもハムスター継代中に変異株が選択されたためと考えられている。

ところが，マウス継代 ME7 株の場合には，ハムスターに継代した後，マウスに戻すと再び元のマウス継代株と同じ潜伏期を示す。これがドナー動物種効果である。ドナー動物種効果はプリオン遺伝子に依存しているとみなされている。この効果を実験的に示したのがハムスターのプリオン遺伝子を発現しているトランスジェニック・マウス[注]である。このマウスではハムスター継代スクレイピーに対して種の壁がみられなくなることが，実験的に示されている。

ドナー動物種効果に基づくトランスジェニック・マウスは，今後，BSE，CJDの研究に非常に重要とみなされている。

トランスジェニック・マウス（遺伝子導入マウス）：外来の遺伝子を人為的にマウス受精卵に導入し，その結果，外来遺伝子が生殖細胞に組込まれたマウス。

BSEがヒトという種の壁を越えるかどうかの問題の手掛かりになるものとして，マウス・プリオン蛋白遺伝子が発現されないノックアウトマウスに，ヒト・プリオン蛋白遺伝子を導入して作出したヒトプリオン発現トランスジェニック・マウスでの実験がある。このマウスはヒト・プリオン蛋白だけをもっている，いわばヒト型マウスである。これにCJD患者脳乳剤を接種した場合，200日前後の短い潜伏期で発病する。一方，このマウスにBSE発病牛の脳乳剤を接種したところ，600日以上経った後に発病した。この結果はBSEがヒトには感染しにくいことを示す手掛かりになるものと期待されている。

導入遺伝子を，種々の変異のあるヒト・プリオン蛋白遺伝子に変えてトランスジェニック・マウスを作出し，さらに短い潜伏期で高い効率の伝達ができるようになれば，医薬品などの製剤でのCJD汚染の検出手段として役立つことも期待されている。

種の壁の現象は，かつてはウイルスにみられるような宿主への順化と考えられていた。しかし最近の研究では，種の壁は異種動物間のプリオン蛋白のアミノ酸配列の違いによると考えられるようになってきた。

1991年にプルシナーらが作出したハムスターのプリオン蛋白遺伝子を発現するトランスジェニック・マウスでは，ハムスター継代のスクレイピー病原体を接種した場合，普通のマウスの場合よりもはるかに短い期間で発病する。マウスのプリオン蛋白245個のアミノ酸のうち16個がハムスターと異なっていることが種の壁になっていて，ハムスター遺伝子の導入により種の壁が破られたものとみなせる。

このトランジェニック・マウスでは，マウス継代スクレイピー病原体を接種するとマウス型異常プリオン蛋白が形成され，ハムスター継代スクレイピー病原体を接種するとハムスター型異常プリオン蛋白が形成される。したがって異常プリオン蛋白は同種または似た組成の正常プリオン蛋白と選択的に相互作用をすると考えられる。この現象をヒトとBSEおよびスクレイピー病原体の関係にあてはめると，ヒトとウシでは少なくとも30カ所のアミノ酸が異なっていて，ヒツジとウシのプリオン蛋白の間での7カ所のアミノ酸の差よりも大きく，そのためにウシからヒトへの感染の確率は恐らく低いという推定もできる。

7　プリオン説をめぐる議論

これまでに述べてきたように，プリオン蛋白が発病に深くかかわっていることは広く認められてきた。それとともに，プリオン病の名称も定着した。一方，プリオン説では，プリオンは小型の感染性の蛋白であって，核酸を修飾する処置に抵抗性を有するものと規定されており，核酸はおそらく関与していないという立場にたっている。核酸の関与がまったくないのかどうか，この点については，いまだに議論が続いている。

この議論の中心はスクレイピーにいくつもの株が存在していて，株の変異の現象もみられる点である。遺伝的背景が均一な近交系マウスでは，正常プリオン蛋白も均一であって，作られてくる異常プリオン蛋白も同じものになるはずである。しかし，実際には，同じ近交系でも各スクレイピー株に固有の性状が保たれている。また，前項で述べたように，動物での継代中に変異株の出現もみられる。これらは蛋白のみでは説明できないという議論である。

プリオン説に反対する主な説は，**図2-8**に示したように，ウイリノ virino説とウイルス説である。ウイリノ説は，エディンバラ大学のディッキンソン Dickinsonによって提唱された

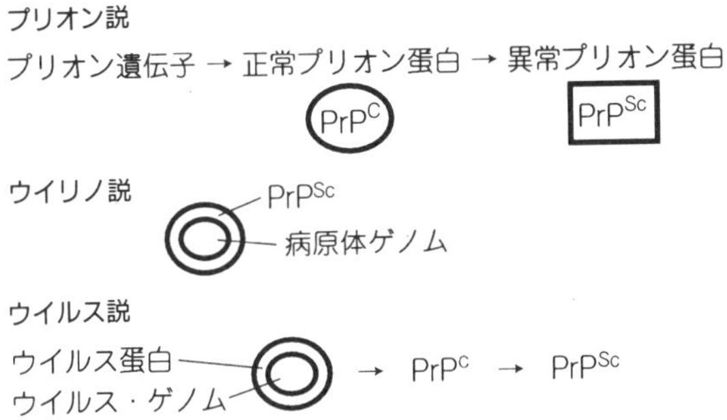

図2-8　プリオン説に反対する主な説

ものである。この説は，情報をもった特異的な核酸が存在していて，それは蛋白に翻訳されることなく核となって，細胞の蛋白に結合しているというものである。プリオン説が固まってきた現在では，この宿主蛋白は異常プリオン蛋白であってもよいという考えに修正されてきている。植物の病原体としてRNAのみで蛋白に翻訳されることなく植物に感染するウイロイドviroidがあるが，ウイリノはウイロイドとウイルスの中間に位置するとみなされている。ウイリノ説を支持する実験的証拠はまったく示されていないが，株の存在を説明できることから，英国では，この説を支持する傾向が残っている。

プリオン説とウイリノ説を結び付けようとした説がスイス・チューリッヒ大学のワイスマンにより提唱された。これはアポプリオンapoprionとコプリオンcoprionから成るホロプリオンholoprionという考えに基づく。アポプリオンは異常プリオン蛋白に相当し，コプリオンは細胞の染色体の外に存在する核酸で，これが病原性を修飾して株による病原性の差をもたらすと説明されている。この説も実験的証拠はまったくなく，あまり支持はされていない。

もうひとつの説としては，ウイルス説がある。通常のウイルスを不活化するような物理化学的処置に強い抵抗性をもったウイルスの存在を主張するものである。ハムスターのスクレイピー感染脳から精製したスクレイピー関連線維（SAF）分画のなかに，電子顕微鏡でウイルス粒子に似たものをみつけたという報告がある。この説も株の存在の説明には好都合であるが，ほとんど支持はされていない。

図2-8に示したように，これらの説は核酸の存在を前提とするものであるが，いずれもプリオンの間接的な関与は認めている。

3

ヒトのプリオン病

1 クールー Kuru

ニューギニアの東部高地に住むフォアFore族にかつて発生していた，小脳性運動失調と振戦を特徴とする神経疾患である（**図3-1**）。クールーはフォア語で「寒さや恐怖で震える」という意味で，上記の臨床症状に由来する。小脳症状は徐々に進行して，普通3～9カ月で死亡する。

クールーは，クロイツフェルト・ヤコブ病（CJD）の亜型とみなされる。ガイジュセックの調査では2,584名が記録されており，その内訳は成人女性が70％，成人男性が10％，子供が20％であった。

クールーが徐々に広がり始めたのは1920年代で，おそらく最初の患者はCJDではないかと想像されている。それが死者を食べるという共食いで広がっていった。ガイジュセックは死者の霊をなぐさめる儀式と述べているが，人類学者のリンデンバウムがフォア族の部落で調査を行った結果，儀式ではなく不足していた蛋白源の補給のためであると結論している。男性は狩猟で捕まえたイノシシや家畜のブタを食べる機会があったが，女性や子供にはわずかしかあてがわれなかった。若く短期間で死亡したクールーの患者は脂肪層が厚く，もっとも好んで食べられたというのが，リ

図3-1　クールーに感染したフォア族の人

(Dr. D. C. Gajdusek, National Institutes of Health, USA より提供)

ンデンバウムの見解である。

感染の経路としては死者を切り刻むときの傷口からと，経口のふたつが考えられるが，患者の数は調理にたずさわった人のほうがはるかに多いことから，傷口を介したものが主な経路と推測されている。

クールーの女性の乳で育った子供に，乳を介して感染が起きた例は見いだされていない。普通の生活で感染が起こった証拠もない。クールー発生地域以外の人が発生地域に移住してきた場合に，発症した例はない。一方，クールー発生地域からほかの地域に移り住んで，長い年月の後に発症する例があるが，これらの人々はすべて，かつてクールーが発生したことのある家族である。

1960年代になって，キリスト教が入り，コーヒー栽培が始められ，食人の風習が廃止されるとともに患者の発生は激減し始めた。しかし，食人の風習が残っていた時代に生まれた大人では，現在でもわずかながら患者が発生している。潜伏期は40年にもなる。子供や青少年ではまったく発生はみられなくなった。

病変は小脳，脳幹を中心に全脳にみられる神経細胞の脱落とアストログリアの増生（56頁：**図3-3**）が特徴である。海綿状態は一般に軽い。半数以上の例で主に小脳に，またときに大脳全域にわたってクールー斑と呼ばれるアミロイド斑が見いだされる。これは異常プリオン蛋白が集まったものである。

これらの病変がスクレイピーに似ていることが1959年に指摘され，それがきっかけとなって前述のガイジュセックらによるチンパンジーへの伝達実験が始まったのである。

2 クロイツフェルト・ヤコブ病
Creutzfeldt-Jakob disease(CJD)

中年以降に散発的に発生する中枢神経系の変性疾患で，脳の病変としては神経細胞の空胞変性（**図3-2**）とアストログリアの増生（**図3-3**）が特徴的である。

発生状況

発生のタイプは孤発性，遺伝性（家族性），感染性（医原性）に分けられる（38頁参照）。孤発性が全体の約90％，遺伝性は全体の約10％，感染性は１％以下である。孤発性は年間約100万人に１人の頻度で全世界で散発している。発生頻度に男女間の差はなく，50～75歳の年齢群でもっとも発生頻度が高い。孤発性は平均65歳であるが，遺伝性では40～50歳と若い傾向がある。精神荒廃，けいれんなど多様な神経症状が急速に進行して，痴呆状態になる。発病から死亡までの期間は，２～８カ月である。

伝播の機構

３つのタイプのCJDのうちで，伝播の機構が明らかになっているのは感染性だけである（**表3-1**）。

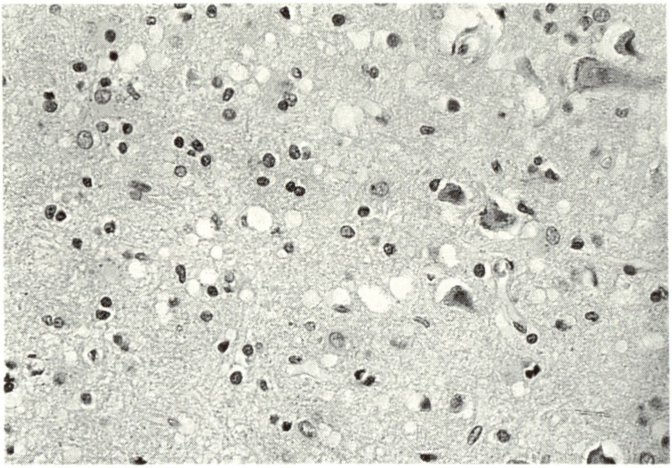

図3-2　大脳皮質における空胞変性　HE染色

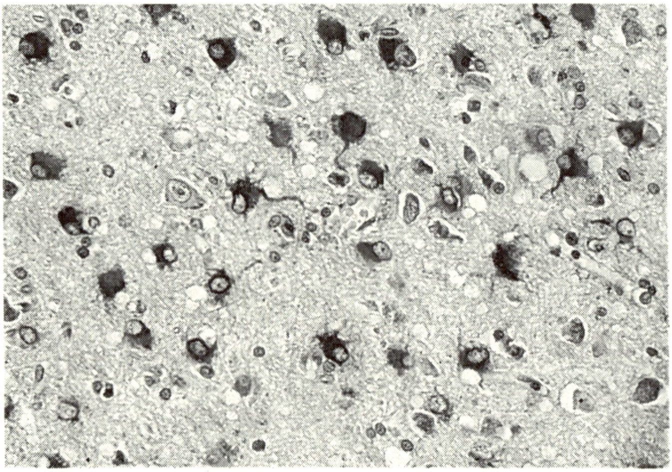

図3-3　大脳皮質におけるアストログリアの増生

GFAP染色

（図3-2，3は長嶋和郎北海道大学医学部教授提供）

表3-1 感染性クロイツフェルト・ヤコブ病

感　染　源	感　染　経　路	発病までの期間
器具		
脳波電極	脳	16～ 20ヵ月
脳手術器具	脳	18～ 28ヵ月
移植		
角膜移植	眼	16～ 18ヵ月
硬膜移植	脳	19～125ヵ月
医薬品		
成長ホルモン	皮下注射	4～30年
ゴナドトロピン	皮下注射	12年

汚染器具による感染

汚染した器具を介したものとして，深部脳波電極針の挿入，脳外科手術などがある。前者の例は，2名の若いてんかんの患者であり，治療のために脳内に挿入された銀製電極針がたまたまCJD患者に用いられたものであったため，一人は16カ月，一人は20カ月の潜伏期の後に発病した。この電極針は70％アルコールとホルマリン蒸気で消毒されていたが，これでは CJD 病原体が十分に不活化されなかったために感染したものと考えられる。脳外科手術での伝播は4例が知られており，潜伏期は18～28カ月，平均20カ月であった。

移植による感染

ドナーが CJD であったために，移植を介して感染が起きたものとしては，角膜と硬膜の移植の例がある。角膜移植

表3-2 下垂体成長ホルモンによるCJDの感染 (1996年現在)

	発症例数	投与者数	発症頻度(%)	平均潜伏期
米国	15	8,600	0.2	18年
英国	16	1,743	0.9	12年
フランス	39	1,698	2.3	8年

での伝播は2例が知られており，潜伏期は1例は16カ月，1例は18カ月であった。このうち，18カ月で発病した例の脳については，チンパンジーへの伝達が成功している。

硬膜移植による感染は日本で薬害ヤコブ病として大きな社会問題になっている。現在までに硬膜移植からの感染が疑われるCJD患者は80名近い。潜伏期は19～125カ月，平均33カ月である。

医薬品を介した感染

医薬品を介したものとしては，脳下垂体から抽出した成長ホルモンとゴナドトロピン（性腺刺激ホルモン）での伝播の例が1985年に初めて報告された。成長ホルモンの投与を受けていた小人症の患者に，米国で7例，英国で2例，ニュージーランド，ブラジルで各1例，また不妊治療のためにゴナドトロピンの投与を受けていた1人に，CJDが見いだされた。いずれも20ないし30歳代と若かったことから脳下垂体製剤からの感染が疑われた。これ以外に，オーストラリアではゴナドトロピンの投与が関係すると思われるCJD 3例が，解剖の結果から確認されている。

ちょうど，その頃に組換えDNA技術による成長ホルモンが開発されていたことから，わが国も含めて多くの国で，組換え成長ホルモンに切り替えられた。

フランスでは，1993年頃から，成長ホルモンの投与を受けていた人にCJDの発生が起こり，その数は100名を超えている。これには1984年1月から85年4月にかけて約1,000人に投与された5つのバッチが主な感染源として疑われており，組換えホルモンへの切り替えが遅れた点など，行政対応が問題になっている。

成長ホルモンを介した各国での感染状況は**表3-2**にまとめた。米国と英国では発病率が低く，潜伏期も長いのに対して，フランスでは発病率が高く，潜伏期が短い傾向がみられる。フランスの患者での潜伏期が短い理由としては，感染源になったホルモンに含まれていた病原体の量が多かったためと推測されている。

成長ホルモンの精製過程でのCJD病原体の不活化の効果を調べた実験では，最終段階で8モル尿素での処理が行われた場合には感染性がみられず，この操作が行われなかった場合に感染性が残っていることから，尿素での処理を止めたことが，感染を起こした原因と推定されている。

輸血・血液製剤による感染

輸血や血液製剤を介してCJDになった例は報告されていない。しかし，CJD患者の血液に病原体が含まれていることは，これまでにマウス，ハムスター，モルモットなどへの伝達実験で報告されていることから，感染の危険性が問題となっている。

社会的に問題となったのは1994年10月に米国で起きた。10ガロン（約40リットル）ドナーと呼ばれるほど多量の献血を行ってきた人がCJDになったことが，米国赤十字に報告された例である。この事例は血友病の団体で重要視され，全米にわたる調査が行われたが，血友病でCJDになった人は見いだされなかった。

米国赤十字とCDCの調査結果

赤十字と疾病制圧予防センターCenters for Disease Control and Prevention（CDC）の合同調査の結果では，社会保険番号から，この血液が含まれる血液製剤を投与された後，少なくとも4年以上生存していた人が18名みつかった。そのうち2名はCJD以外の原因で死亡しており，残りの16人では，投与を受けた後13，14，25年以上生存していた3人を含めて，だれもCJDは発病していない。多くの人はドナーがCJDになる3～5年前の血液を投与されていた。しかし，1名は発病1カ月前の血液を投与されていたが，14年後の現在でも健康である。なお，倫理上の問題から，CJD患者の血液を投与されたことは本人に伝えられていないとのことである。

一方，CDCが過去にさかのぼって調査を行ったところ，1979年から14年間にCJDによる死亡が3,106例見いだされた。しかし，この中に血友病，鎌状貧血など血液製剤投与の対象となる人は見いだされていない。これらの知見から血液製剤によるCJD感染は理論的にはありうるが，現実にはその危険性は極めて低いと考えられている。

クロイツフェルト・ヤコブ病のスクレイピー起源説

スクレイピー,CJDいずれでも抗体産生がみられないため,通常の微生物感染の場合のように,血清反応で両者の病原体を区別することは不可能である。ヒツジでのスクレイピー,ヒトでのCJDの間で脳の病変は非常によく似ており,実験動物に伝達した場合にも病変からの区別は困難である。

ガイジュセックは1977年に作業仮説として,スクレイピーのヒツジを食べたり,またはその肉を処理したり調理している際にヒトに感染してCJDを起こすという,スクレイピー起源説を提出した。さらに1992年には**図3-4**に示したように,BSEも含めた大きな作業仮説にまとめている。

その根拠になったのは,イスラエルに住んでいるユダヤ人のうち,リビア系のユダヤ人でCJDの発生率が100万人あたり31.3人と非常に高い点であった。同じ地域のイラク系のユダヤ人では1.9人,西ヨーロッパと中央ヨーロッパ系のユダヤ人では1.0人とほぼ正常の発生頻度である。リビア人をはじめベドウインやモロッコのアラブ人はヒツジの眼球を好んで食べる習慣がある。一方,スクレイピーに感染したヒツジの眼球には病原体が多く含まれている。そこで,これらの事実を結び付けて,ヒツジの眼球を食べてスクレイピーに感染した結果,CJDになったのではないかと考えたのである。この作業仮説をガイジュセックは単なる空想ゲームに過ぎないと述べてはいたが,ノーベル賞受賞者の仮説であったため重視され,この仮説の検討が20年近くにわたって,多くの人により行われた。その結果は以下のように

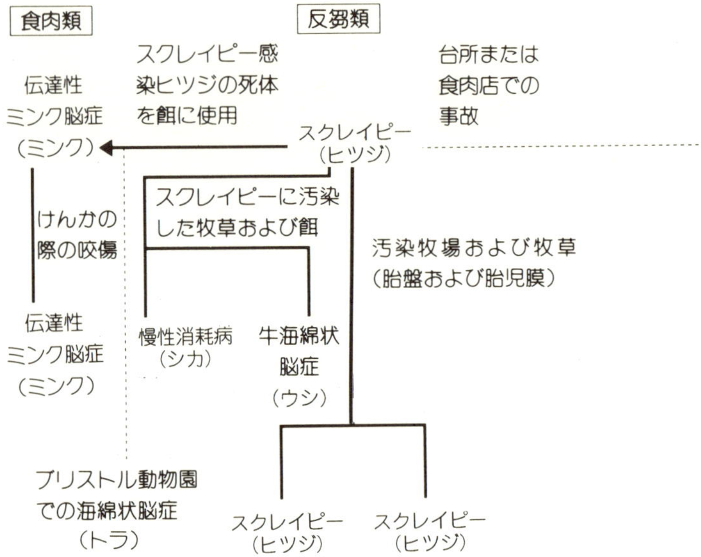

図3-4　海綿状脳症の起源に関する仮説

実線：証明された経路および可能性の高い経路
点線：推測される経路
GSS：ゲルストマン·シュトロイスラー·シャインカー病

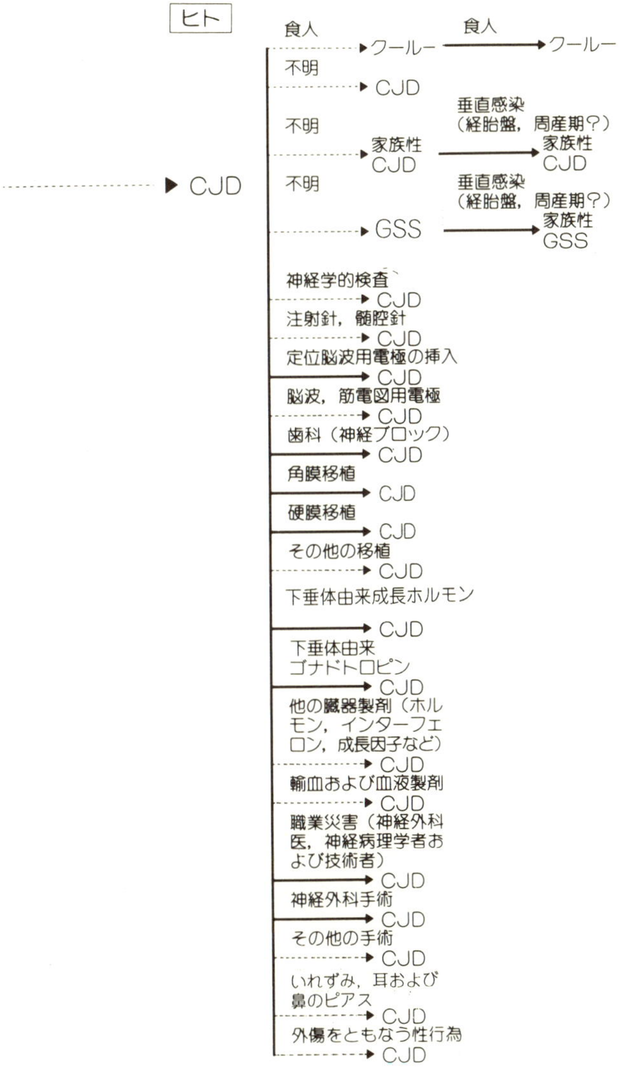
ヒト
CJD
食人
クールー
食人
クールー
不明
CJD
不明
家族性
CJD
垂直感染
（経胎盤，周産期？）
家族性
CJD
不明
GSS
垂直感染
（経胎盤，周産期？）
家族性
GSS
神経学的検査
CJD
注射針，髄腔針
CJD
定位脳波用電極の挿入
CJD
脳波，筋電図用電極
CJD
歯科（神経ブロック）
CJD
角膜移植
CJD
硬膜移植
CJD
その他の移植
CJD
下垂体由来成長ホルモン
CJD
下垂体由来
ゴナドトロピン
CJD
他の臓器製剤（ホルモン，インターフェロン，成長因子など）
CJD
輸血および血液製剤
CJD
職業災害（神経外科医，神経病理学者および技術者）
CJD
神経外科手術
CJD
その他の手術
CJD
いれずみ，耳および鼻のピアス
CJD
外傷をともなう性行為
CJD

まとめることができる。

人類は200年以上スクレイピーのヒツジと接触してきているが，スクレイピーとCJDを結び付けるような所見は全くみられない。スクレイピーが根絶されたオーストラリアやニュージーランドでもCJDの発生頻度はスクレイピーが存在する国と同じである。スクレイピー感染ヒツジに接触する機会の多い屠畜場の作業員，獣医師，食肉業者でもCJDの発生頻度は変わりがない。スクレイピーが存在していて，ヒツジの脳をよく食べる国，たとえばフランスやチリでもCJDの発生頻度は変わりがない。菜食主義者でもCJDになる。これらの疫学的所見から，スクレイピーがヒトに感染する可能性は考えにくいという結論になっている。

なお，この作業仮説の根拠になったイスラエルのリビア系ユダヤ人では，プリオン遺伝子のコドン200のグルタミン酸からリジンへの変異がCJDの多発にかかわっていることが明らかになっている。さらに，このことをめぐって以下のような新たな問題に発展してきている。

イスラエルにはリビアからの移住者が約3万人住んでいる。この人達でのCJDの発生率は極めて高く(61頁参照)，人口500万人のイスラエルでのCJD発生のほぼ50％を占めている。

プリオン遺伝子に変異のある人での発症は，40歳では1％，その後年齢が増加するにつれて発症率は指数関数的に増加し，85歳では100％が発症するという高い率である。リビア系の人達はこのCJDの多発について非常に心配している。一方，プリオン遺伝子の変異の検査は倫理上の問題を提起している。この検査結果は本人には知らせていない。また彼らからの献血への対処も問題となっているが，今のところ方針は立っていない。ただし遺伝子の検査で変異が見いだされた人の血液は用いないようにしているという。

3　ゲルストマン・シュトロイスラー・シャインカー病
Gerstmann Sträussler Scheinker disease(GSS)

GSSは1936年にオーストリアの１家族に見いだされ，そ

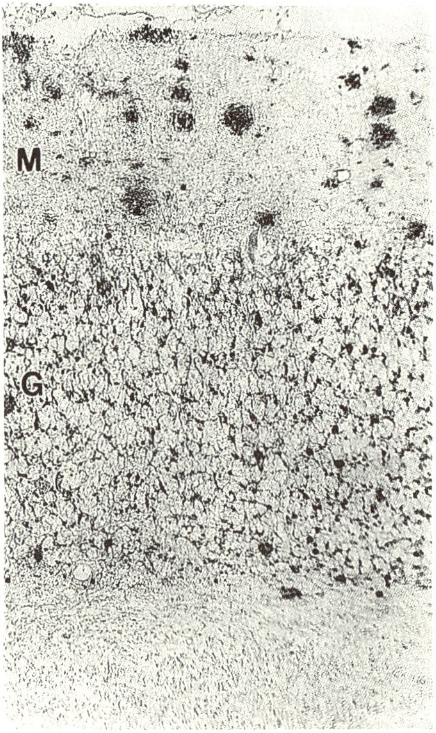

図3-5
GSS(P102L)患者の小脳皮質のPrP^{CJD}

小脳分子層（M）には多数のクールー斑が，顆粒細胞層（G）には苔状線維終末に一致した粗大顆粒状のPrP^{CJD}がみられる。
ABC染色　×125
（立石潤九州大学名誉教授提供）

の後，まったく関係のない十数家族で見いだされた。また，散発例も見いだされている。

臨床的にはクールーとCJDに似ている。しかし，家族性に起こること，発病が35～55歳と中年以降であること，経過が2～10年と長いことなど，異なる面もある。

症状としては，小脳・脊髄症状が先に現れ，ついで痴呆が出現する。脳には病理組織学的検査で，アミロイド斑（クールー斑：**図3-5**）がほぼ全例に見いだされる。

GSSの患者とその家族の多くに，プリオン遺伝子のコドン102に点変異があり，プロリンがロイシンに置換されている。この変異が遺伝的要因として発病にかかわっているものと考えられている。

4 致死性家族性不眠症
fatal familial insomnia(FFI)

1986年，イタリアのボローニャの医科大学で，53歳の男性の進行性の不眠症の症例が報告された。不眠症のほかに自律神経失調症がみられ，夢をみるような状態，どもり，震え，間代性けいれんが進行して，9カ月後には昏睡に陥って死亡した。この患者の2名の姉妹と多くの親戚が5代にわたって同じような病気で死亡していた。

この患者と1名の姉妹の脳の病理学的検査では，視床に限局して激しい神経細胞の変性と反応性のアストロサイト（星状膠細胞）が見いだされたが，海綿状態や炎症性変化はみられなかった。

これらの例は視床に限局した変性疾患の存在を示したもので，視床が睡眠調節や自律神経機能の調節に重要な役割を果たすものとみなされた。

致死性家族性不眠症（FFI）と名付けられた本病の特徴は，40～60歳の間に，夢をみるような状態で，眠ることができなくなることである。自律神経と運動神経が進行性におかされて，6～18カ月以内にすべて死亡する。海綿状変性やアミロイド斑はあまり顕著ではない。

19世紀初めから6代にわたる288名の家系を調べた結果，この家系は，フランスに移住した1名を除いて，常にイタリア北部に住んでいた。

患者の脳からは蛋白分解酵素に抵抗性のプリオン蛋白が検出された。一方，調べた4名の患者すべてと，発病していない29名中の11名で，プリオン遺伝子のコドン178に点変異が起きていて，アスパラギンがアスパラギン酸に変わっていることが明らかにされ，この変異が発病に関連することが示唆された。

その結果，1992年にFFIはプリオン遺伝子のコドン178に変異のあるプリオン病と結論された。1995年，九州大学の立石潤グループはこの患者の脳乳剤のマウスへの伝達に成功し，本病がプリオン病であることを伝達性の面から確認している。

FFIは米国，英国，日本などでも見いだされている。また，本病は体細胞性優性遺伝することも明らかになった。

最近の報告では，プリオン遺伝子の機能のひとつとして，ノックアウトマウスの実験から睡眠調節が示唆されている。この結果はプリオン遺伝子の機能が本病の発病となんらかの関連をもつことを示すものと考えられる。

5 変異型クロイツフェルト・ヤコブ病
variant CJD

1994年から95年にかけて英国で見いだされた10名のCJD患者は，臨床経過，脳病変および発症年齢の面で，これまでのCJDとは異なることから，英国海綿状脳症諮問委員会は変異型CJD(variant CJD)注と判断した。これらの患者では，通常のCJDが若年で発症する際に関係があるとされる危険因子，すなわち遺伝要因，および移植や脳下垂体製剤の使用といった医原病的要因は見いだされなかった。その結果，英国政府は1996年3月20日に，これらの患者は，政府が1989年に病原体が多く含まれる脳，脊髄などを食肉から除外する食肉規制を実施する前に，BSEに感染した可能性が考えられるとの発表を行い，全世界に衝撃を与えた。

1996年5月に開かれたWHOの専門家会議は，変異型CJDの特徴と診断について以下のように整理している。

変異型CJDの臨床上での特徴

①不安，意気消沈，ひっこみがちといった行動異常から神経学的異常に進行する。

注：当初new variant（新変異型CJD）と呼ばれていたが，現在ではvariant（変異型）CJDが用いられている。

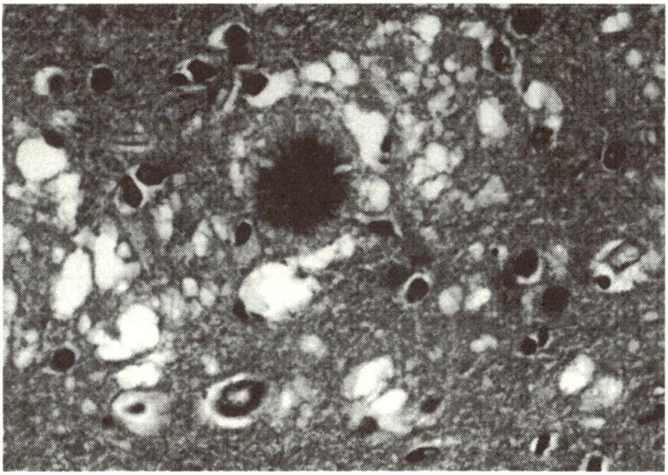

図3-6　変異型CJD患者の脳にみられる花模様のプラーク
(Dr. James Ironside, Edinburgh Universityより提供)

②数週間ないし数カ月以内に小脳症状が進行する。
③物忘れをしやすくなり，記憶障害が起こり痴呆へと進行する。
④後期にはけいれんや舞踏病の症状が出現する。
⑤脳波には，通常のCJDに特徴的な周期性同調性放電periodic synchronous discharge（PSD）がみられない。

変異型CJDの診断は神経病理学的検査でのみ可能である。そのもっとも特徴的な点は，空胞に囲まれた数多くのクールー斑様のアミロイド斑の存在（HEおよびPAS染色で検出できる）で，これは花模様のプラークflorid plaqueと呼ばれる（**図3-6**）。そのほか，視床部の顕著なアストログリアの増

表3-3　変異型CJDと通常のCJDの比較

特　徴	発症年齢	死亡までの経過	脳病変	脳波(PSD*)
通常のCJD	平均65歳	6カ月	海綿状変性	＋
変異型CJD	平均29歳	12カ月	海綿状変性 クールー斑	−

＊ PSD：周期性同調性放電

生，および免疫組織化学染色で多数のプリオン蛋白の沈着もみられる。

通常のCJDと変異型CJDの比較を**表3-3**に示す。

発生状況

変異型CJD患者は2002年5月現在，英国で合計121名，フランスで5名，アイルランドで1名，イタリアで1名が見いだされている。

英国農漁食糧省担当官の話では，1989年の食肉規制以前は，安物のハンバーガー1個には3g程度のウシの脳が含まれていたといわれている。もうひとつは mechanically recovered meat（MRM）で，日本では機械的除骨肉と呼ばれているものである。これは，食肉をとった後の背骨などに残っている肉を高圧でそぎ落としたもので，その中には脊髄の破片が含まれていた。これが安物の挽肉，ソーセージ，パテ，離乳食に用いられていた。このようにして，脳や脊髄が食用に出まわる機会が多く存在していたわけである。

英国では，食肉規制実施までに44万6千頭，実施後1995

年末までに28万3千頭の合計約70万頭あまりのBSE牛がヒトの食用に回されたと推定されている。BSEが変異型CJDの原因であることはほぼ間違いないとされている。したがって，患者の数は今後増加するはずである。2000年にオックスフォード大学グループが発表した試算では潜伏期を20年とすると，2千名，60年とすると13万6千名とされている。

BSEの感染実験

後述するように，BSE株は単一であって，*Sinc*遺伝子型の異なるいくつかの近交系マウスで，潜伏期の長さと脳内の病変分布（プロフィール）は一定している。しかも，他の種類の動物への自然感染および実験感染で，種の壁（43頁参照）を越えてもなお，その特徴的プロフィールを保持している。

この特徴を利用して，変異型CJD患者の脳の乳剤を，これらの近交系マウスに接種する実験が，英国家畜衛生研究所で行われた。もっとも長い潜伏期のマウスでは800日の潜伏期であることから，最低800日の観察結果を待たなければ結論は出せない長い実験となった。

この実験の結果は1997年に発表され，潜伏期，脳内の空胞病変の分布のいずれでも変異型CJDとBSEは同じ特徴を示していた。その結果，2つの病気は同じ病原体によることが強く示唆された。普通のウイルス感染ならば，抗体の出現が感染の証拠となるが，プリオン病では抗体はみつからない。したがって，同じ病原体の関与ということは，変異型CJDがBSE感染によることの決定的証拠とみなせる。

BSEのヒトへの感染の可能性を測定するうえでサルでの実験は重要とみなされており，1996年に相次いで3つの成績が発表されている。

最初は6月にフランスの原子力庁研究所のラスメザスLasmezasらによる「ネイチャー」誌の通信欄での報告である。それによるとBSE牛の脳乳剤を3頭のカニクイザルの脳内に接種したところ130～150週後に異常行動，けいれん発作などを示すようになり，解剖の結果，脳に変異型CJDの病変に似た変化がみられた。しかしこれは経口ではなく脳内接種の実験であり，ヒトがBSEの牛肉を食べて感染する可能性に直ぐに結びつけることはできない。

経口でサルへの感染の可能性については相反する2つの報告が7月の「ランセット」誌にならんで掲載された。

ひとつはフランスのモンペリエ大学のボンBonsらの成績である。1968年10月に英国からモンペリエの動物園に移されたカニクイザルが，1991年に9歳のときに発症して翌年に死亡し，解剖の結果，脳に海綿状脳症の病変が確認された。このサルは英国での餌から感染したのではないかと疑われている。もしそうだとすると，霊長類に経口でBSEが伝達された最初の例になる。

一方，この報告とは反対に，英国ケンブリッジの獣医大学のリドレーRidleyらは100頭以上のマーモセットの繁殖コロニーでは，1980年から90年にかけて大量の肉骨粉を含む餌（ウシの餌には4％が含まれていたのに対して，マーモセットの餌には20％が含まれていた）を与えられていたが，脳の病理組織検査では海綿状脳症はまったく認められなかったと報告している。

ヒトにもっとも近いチンパンジーへ，経口を含めたいろいろなルートで感染実験を行うべきだという意見も「ネイチャー」誌の投書欄に掲載されている。しかし，かつてヒトからヒトに食人の儀式で伝達されたクールーは，経口ではチンパンジーに伝達されていない。

モンペリエ大学でアカゲザルと同じマカカ属のカニクイザルへのBSEの脳内接種を行った結果，カニクイザルは150週後に発病し,脳には異常プリオン蛋白の蓄積と変異型CJD患者に特徴的な花模様のプラークが観察された。一方，モンペリエの動物園では,マダガスカルに生息する原猿類のキツネザルへもBSEの脳内接種が行われ,キツネザルは128週後に発病した。その後,キツネザルには経口接種実験も行われ，5カ月後に解剖した結果,扁桃,腸管リンパ節，脊髄などに異常プリオン蛋白が検出されている。現在フランスでは,キツネザルを変異型CJD研究のモデルとみなして大規模な実験計画が進められているという。

株のタイピング

一般にヒトを含む哺乳動物に発生する伝達性海綿状脳症 transmissible encephalopathy（TSE）の病像はその株のタイプに大きく左右される。この株のタイプは感染動物の脳の乳剤または分画したプリオン画分（PrP-rich fraction）をマウスの脳に接種し，その潜伏期間と脳内病変の分布様式により決められる。特に脳内病変の分布をプロフィールと呼び，英国では4種類の近交系マウス（RⅢ，C57BL，VM,

IM）を用いている。

分子生物学的には，株の相違は感染因子（PrP^{Sc}）の蛋白構造の違いに原因があるとみなされている。BSEでは17万頭のうち9頭から病原体が分離され，ウェスタン・ブロット法により蛋白構造が解析されている。前記の脳病変プロフィールおよびウェスタン・ブロットのパターンから，9つの分離株は同一種類であると同定された。

また，TSEがみられた飼いネコ，動物園のウシ科動物，BSE病原体の接種によって発病したヒツジ，ヤギ，ブタのいずれの脳から得られたPrP^{Sc}でも，それらのウェスタン・ブロットのパターンはBSE牛の脳のものと一致した。

英国家畜衛生研究所のモイラ・ブルースMoira Bruceは3名の変異型CJD患者の脳について株のタイピングを試みた結果，潜伏期間，脳病変のプロフィールはBSE牛のそれと同じであることを見いだし，変異型CJDとBSEは同じ病原体により起きたものという論文を1997年に発表した。

その後，ヒト・プリオン蛋白遺伝子を導入したトランスジェニック・マウス，ウシ・プリオン蛋白遺伝子を導入したトランスジェニック・マウスでの病態や，サルでの病態の面でも，変異型CJDとBSEが非常によく似ていることが明らかにされている。

これらの結果はいずれも，変異型CJDがBSE感染によることを示したものとみなされている。

4

動物のプリオン病

1 スクレイピー
Scrapie

流行の歴史

スクレイピーはヒツジの致死性の慢性運動失調症で，ときにはヤギにも発生する。伝達性海綿状脳症のなかでは最も歴史が古く，英国（1732年），ドイツ（1750年），フランス（1810年），スペイン（1810年）と，西ヨーロッパでは18世紀から報告がある。本病は潜伏期が長いためにスクレイピー汚染農場からヒツジを移動して，しばらくしてからはじめて病気であることがわかる。発症したヒツジでは運動失調，消耗，けいれんなどがみられる。また，ときとしてかゆみのため，体の一部（横や後部が多い）を壁や柱に“こすりつける”（scrape）ことがスクレイピーscrapieの語源となった。フランスではtremblant（震え），アイスランドではrida（振戦，運動失調），ドイツではTraberkrankheit（早足病），スロバキアではklusavka（震え），英国ではjumping disease（跳躍病）とも呼ばれている。

英国では1920年から50年にかけてスクレイピーが大発生し，サフォークSuffolk種ヒツジに大きな被害が出た。その後1970年代になりヒツジの飼養頭数が増え，スクレイピーがさらに大発生したことが今回のBSEの大発生の背景にあ

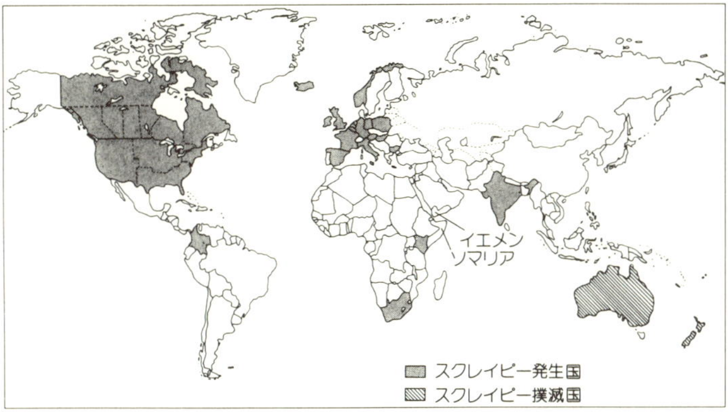

図4-1 スクレイピーの発生状況

日本では1981年に，アルゼンチンでは1984年，ブラジルでは1985年に発生した。

(Gajdusek D.C. : Unconventional viruses causing subacute spongiform encephalopathies. Virology, pp. 1519-1557, Fields B.N., ed., Raven Press, New York, 1985より)

ると考えられている。

諸外国での発生状況

スクレイピーの世界各国における分布は**図4-1**に示した。直接または間接的に英国由来のスクレイピー病原体が世界各国に拡散したと考えられている（**表4-1**）。オーストラリア，ニュージーランドにも英国からスクレイピーが持ち込まれたが，牧場に1頭のヒツジでもスクレイピーが見いだされたときには，すべてのヒツジを殺処分するという厳重な対策により，1950年代に撲滅された。その後も輸入ヒツジは5年間の厳重な監視体制下におかれている。

表4-1 ヒツジの輸入にともなったスクレイピーの発生

国　名	発生年
アイスランド	1878
カナダ	1938
米　国	1947
ニュージーランド	1952
オーストラリア	1952
ノルウェー	1958
インド	1961
ハンガリー	1964
南アフリカ	1966
ケニア	1970
ドイツ	1973
イタリア	1976
ブラジル	1978
イエメン	1979
日　本	1981
スウェーデン	1988
キプロス	1989

米国では1947年にミシガン州で発生し，1952年に連邦政府と州政府が共同でスクレイピー清浄化計画（発生羊群全頭の殺処分）を開始した。しかし，1983年にこの計画は変更され，発生個体のみの処分に緩和された。これがきっかけで，スクレイピーの発生は以前より増大する結果となった。

日本での発生状況と行政の対応

日本では1981年に初めてスクレイピーの発生が見いださ

表4-2 スクレイピーの発生状況

	1984	85	86	87	88	89	90	91	92	93	94	95	96	99	01	計
北海道	(5) 12	(2) 3	(3) 3	(4) 17			(1) 1	(4) 4	(2) 4	(1) 2	(2) 5		(1) 1			(25) 52
山　形	(1) 1															(1) 1
福　島		(1) 1						(1) 2								(2) 3
茨　城															(1) 1	(1) 1
東　京														(1) 1		(1) 1
神奈川				(1) 1												(1) 1
計	(6) 13	(3) 4	(3) 3	(5) 18			(1) 1	(5) 6	(2) 4	(1) 2	(2) 5		(1) 1	(1) 1	(1) 1	(31) 59

都道府県からの報告を集計　　数字は，（　）：戸数　下段：頭数
（最終発生は2001年6月）

れた。これは1974年にカナダから北海道に輸入されたサフォーク種Suffolkのヒツジの子どもに起きたものである。1984年に北海道での発生例が最初に学会で報告され，ほぼ同じ頃に本州および九州からも症例が報告された。2001年6月までに全部で59頭の発生が確認されている（**表4-2**）。そのうちの2例は妊娠中のものであった。

初発例を含めて9割が在来サフォーク種で，残りが在来コリデールCorriedale種である。半数以上の例が北海道の同一地域で発生していることから，サフォーク種からコリデ

ール種へ広がったものと考えられている。

1980年代の症例と1990年代の症例の間では病型に変化がみられている。カナダから北海道に持ち込まれたものが日本各地に広がったとされているが，北海道に起源をたどれないヒツジでのスクレイピー発生も見いだされており，北海道一元説は必ずしも確かとはいえない。

1984年5月のスクレイピー報告以後，同年8月に農林水産省畜産局長通達により，全国各地への防疫対応が行われた。さらに1992年6月には家畜防疫対策要綱のなかにスクレイピー防疫対策が含まれることとなった。その内容は以下のとおりであって，1984年の通達を強化したものである。

①スクレイピーの早期発見と発生時の家畜保健衛生所への通報
②分娩時の胎盤および血液汚染物の焼却などの衛生的な処理
③発生農場およびこれに関連する農場ならびに輸入めん羊の，農場立入検査による清浄確認
④感染ヒツジの殺処分（焼却施設のある家畜保健衛生所の病性鑑定施設で実施），飼養施設の消毒および疫学調査の実施

1996年に英国で見いだされた変異型CJDとBSE感染の関連が大きな問題となったことから，同年3月29日に「スクレイピー防疫対策の強化について」としてさらに以下の内容が追加された。

①めん羊を飼養する家畜飼養者（農家）に対する立入検査

図4-2 山形県におけるスクレイピーヒツジ
体の毛がすり切れている。

の強化
②農家に対するスクレイピー対策の普及啓蒙
③発生時の殺処分・焼却，消毒の徹底などの防疫措置の的確な実施

1996年4月には，WHOの勧告により家畜伝染病予防法が改正され，伝染性海綿状脳症[注]（スクレイピー，牛海綿状脳症）は届出伝染病に準ずる扱いとなり，また，1998年3月には法定伝染病に指定された。

注：家畜伝染病予防法の枠内に入れるために伝染性海綿状脳症という名称になっていたが，2002年6月に改正され，現在では法律上でも「伝達性海綿状脳症」が用いられることになった。

表4-3 スクレイピーの臨床症状(ヒツジ)

	掻 痒 型	麻 痺 型	無症状型
年 齢	2〜6歳	1〜2歳	2歳
発生頭数	28	2	1
報 告 年	1984〜1987	1988〜1990	1991
品 種	サフォーク コリデール	コリデール	コリデール
症 状	掻痒，運動失調 麻痺	運動失調，麻痺	
病気経過	1〜2月	0.5〜1月	

病気の特徴

日本におけるスクレイピーは掻痒型（かゆがり：**図4-2**），麻痺型（または運動失調型）および無症状型に分けられる（**表4-3**）。1987年まではすべて掻痒型であったが，その後，麻痺型が見いだされるようになった。

掻痒型は一般に教科書に記載されている症状を示すものである。好発年齢は2〜6歳で，3〜5歳にピークになる。多くは生後まもなく母ヒツジから感染を受けるため，発症時の年齢が潜伏期に一致する。発症の初期はごくわずかな行動異常，たとえば音などに敏感となり驚きやすい。攻撃的になるものもあれば，群から離れて採食せずに痴呆のようにボーッと立っているものもある。移動時に群から遅れるといった程度の行動異常で気づかれないことも多い。このため，発症時期を正確に知ることはむずかしい。その後，

表4-4　掻痒症スクレイピー21例の臨床症状

ヒツジ番号	品種	年齢	性別	症状の分類			
				掻痒	運動失調	沈鬱	過敏症
S-3	S	4	F	+	−	−	−
S-4	S	4	F	+	−	−	−
S-5	C	5	F	+	−	+	−
S-6	C	5	F	+	−	−	−
S-7	S	6	F	+	−	−	+
S-8	S	6	F	+	−	−	+
S-9	S	3	M	+	−	−	+
S-10	S	3	F	+	+	−	+
S-11	S	2	F	+	−	+	−
S-12	S	3	F	+	−	+	−
S-13	S	NR	F	+	−	+	−
S-14	S	NR	F	+	−	−	+
S-15	S	NR	F	+	−	−	+
S-18	S	2	F	+	−	−	−
S-19	S	3	F	+	−	−	−
S-20	S	3	F	+	−	−	−
S-21	S	NR	F	+	−	−	−
S-23	S	NR	F	+	−	−	−
S-24	S	3	F	+	−	−	−
S-25	C	4	F	+	−	−	−
S-30	S	4	F	+	−	−	−

S：サフォーク種，C：コリデール種，NR：記録無し，F：雌，M：雄

多くのヒツジは掻痒症状，運動失調，頭・頸部の振戦あるいは痴呆状態などの症状を示し，進行性に症状，特に運動失調が増悪して，約1カ月から半年の経過で起立不能に陥り死亡する。**表4-4**に筆者（小野寺）らが経験した掻痒型スクレイピーの21症例を示す。

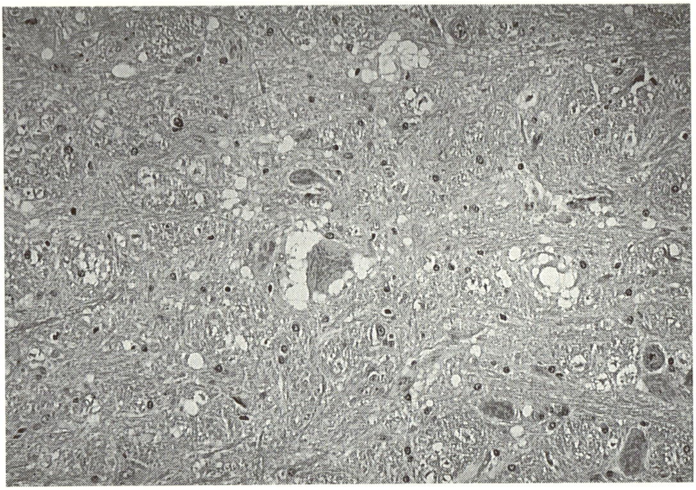

図4-3　北海道のスクレイピーヒツジの延髄オリーブ核の空胞変性

脳の病変としては神経細胞の空胞変性（**図4-3**）とアストログリアの増生が特徴的である。クールー斑（アミロイド斑）の形成はまれであって，麻痺型スクレイピーではすべて陰性であり，掻痒型スクレイピーでは10％の例にアミロイドの沈着を認めたにすぎない。

病理組織学的には，左右対称に分布する病変が必ず延髄部に認められる。神経細胞の空胞形成は脳幹部全体にみられるが，延髄，脳橋，中脳でより頻繁に観察される。神経細胞の膨化も空胞変性とともに観察される。またニッスル体の融解も頻繁に観察される。これらの空胞変性の最も典型的なものは延髄オリーブ核，孤束核，副楔状束核に観察される。また神経細胞によっては空胞変性を示さずに変

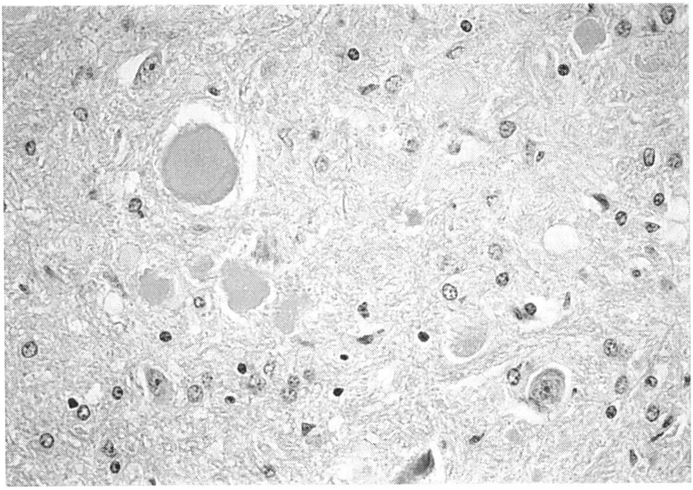

図4-4 北海道のスクレイピーヒツジの延髄オリーブ核の神経細胞壊死

性・壊死を示すものもある（**図4-4**）。

最近の英国の報告によると，教科書的なスクレイピーの症状である掻痒症，運動失調，麻痺，削痩，過敏症を示すヒツジの脳の組織学的検査では，その15%で神経細胞に空胞変性が認められていない。一方，スクレイピーの症状を示さずに原因不明で死亡したヒツジを検査したところ，その21%が病理組織学的にスクレイピー陽性であったという。このようにスクレイピーの症状と病理組織学的診断の不一致がときとしてみられる。

スクレイピーは群で飼われているヒツジのなかから発生するため，いったんスクレイピーが発生すると同群の他のヒツジも淘汰される。その際，健康とみられるヒツジの脳

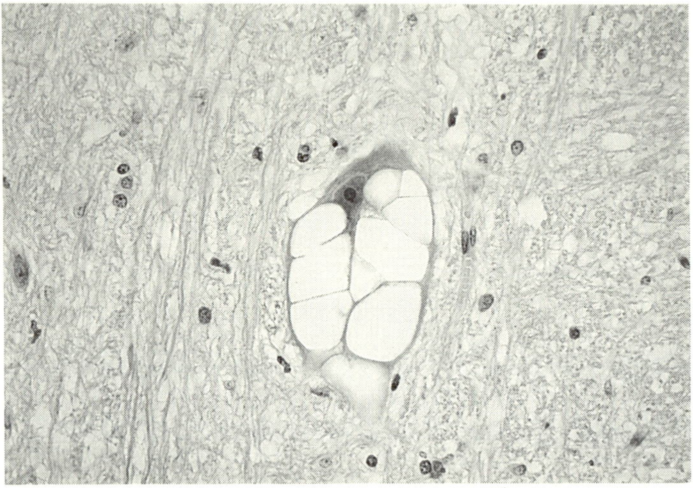

図4-5　スクレイピーヒツジの神経細胞内における空胞変性

（動物衛生研究所　百溪英一氏提供）

組織を観察すると，ときとして神経細胞の空胞変性が観察される。また前述のようにスクレイピー発症と神経細胞の空胞変性は必ずしも一致しないため，これらの群のヒツジは病理組織学的変化がなくても病原体で汚染されている可能性がある。筆者（小野寺）らの例でも，1988～90年にかけて原因不明で死亡したヒツジを検査した結果，病理組織学的にスクレイピー陽性がときおりみられた。

急性の経過をとるスクレイピーも見いだされている。その例は1989年7月に発症した2歳の雌コリデール種のヒツジである。7月11日に食欲不振と元気消失が見いだされ，8月4～9日に起立不能となり，家畜診療所に入院させられた。8月10日に左下横臥，起立不能で家畜保健所に移されて，殺処分ののちに解剖された。体表に搔痒症の跡は認められなかった。病理組織学的には大脳皮質，間脳，延髄の広範囲部に神経細胞の空胞変性が認められた（**図4-5**）。この例と同様に発病2週後に後肢麻痺による歩行異常が起こり，発病1カ月後に急に起立不能となったものもある。これらの病型はヒツジが2歳またはそれ以下と若いこと，病気の経過が約1カ月ときわめて急速なのが特徴である。この症例はscrape（こすりつけ）しないスクレイピーなので，羊海綿状脳症と呼ぶのが適当とも思われる。

伝播の様式

スクレイピー病原体の伝播様式については2つの可能性が考えられている。ヒツジからヒツジへの水平伝播と母親から子への垂直（胎内）伝播である。

病原体の体内での分布については後述するが，神経系とリンパ系組織である。体液（血液，尿，乳，唾液）内には非常に少ないと考えられている。一方，胎盤には多量の病原体が検出されるため，分娩後の胎盤が重要な感染源と考えられている。スクレイピー病原体は実験的に経口，創傷，結膜由来で感染することが知られているので，自然感染でも同様の経路の存在することが考えられる。これらの事実を合わせ考えると，ほかのヒツジがスクレイピー病原体で汚染した胎盤を食べることにより，ヒツジからヒツジへの直接伝播が起こるものと推測される。スクレイピー病原体はさまざまな物理化学的処理に強い抵抗性を示すことから，スクレイピー病原体による牧草などの環境汚染による伝播も無視できない。

母親から子への伝播は出生直後の密接な接触により起こると考えられる。母親の臓器および胎盤で感染性が検出されるが，胎児では感染性は検出されない。筆者（小野寺）らの経験した2例の妊娠スクレイピーヒツジでも，胎児の脳および脾臓のウェスタン・ブロット法で異常プリオン蛋白は検出されなかった。英国のキンバリンKimberlinが1981年に発表した論文では情況証拠であるが，病原体の胎内感染の可能性が示唆されている。しかしこの伝播が受精卵を介したものか胎盤を介したものかは明らかではない。

スクレイピーの自然伝播の研究はスコットランドと米国で行われた。スコットランドでは1964年にスコティッシュ・ブラックフェイスScottish Blackface（SB）ヒツジが病原体を検出する群として用いられた。1万8千頭のSBヒツジはスコットランドの人里離れた所で13年間飼育観察されたが，スクレイピーの自然発生はみられなかった。別の牧場では過去30年間スクレイピーの自然発生はみられず，しかも隔離して病原体を接種すると発病することが知られている。スクレイピーに感受性はあるが感染は受けていないとみなされたこの正常SBヒツジ75頭を，スクレイピーが高頻度に発生しているヒツジ群（モレダム地方のサフォーク種×SB種の混合集団）と混合飼育し，その後6年間観察したところ，SBヒツジのスクレイピー発生率は0から28％に上昇した。10年後にはSBヒツジのなかで200例以上のスクレイピーが病理組織学的に確認された。この群でも母ヒツジ由来の病気の伝播が観察されたが，父ヒツジ由来の伝播はみられなかった。

米国テキサス州ミッションでも同様の研究が1964年に実施された。正常な2歳齢のヒツジ群とスクレイピー発症ヒツジが混合され，8年間飼育された。その結果，正常なヒツジ群の333頭のサフォーク種ヒツジのうち29％が発病した。正常なヒツジ群由来の子ヒツジ446頭のうち34％が発病し，スクレイピーを発病した母親から生まれた子ヒツジの27％が2.5～5歳の間に発病した。またスクレイピー感染ヒツジと混合しなかった群では，正常なヒツジ群の3.5％が6～8歳の間に発病した。マウスでの病原体検出の結果は，新生児の時期に病原体に汚染したヒツジでは，まだ発症していない10～14カ月齢時に小腸に低レベルではあるが感染性が検出された。25カ月齢では脳からも感染性が検出された。3.5歳齢の発病の頃になると，感染性は口内扁桃から大腸後部までの消化管，脾臓，脳脊髄でも検出された。しかし，心筋，肺，腎臓，骨格筋からは検出されなかった。無発病のまま8.5歳を超えたヒツジの各臓器からは全く検出されなかった。

サフォーク種ヒツジの小腸で感染性が証明されたことは，病原体の経口感染の可能性を示している。しかし発症ヒツジの初乳，それ以後の乳，糞，尿には感染性は検出されなかった。また胎児からも感染性は検出されていない。

スクレイピー伝播の経路としてダニがかかわっている可能性も示されている。かつてアイスランドでは，スクレイピー汚染ヒツジを淘汰して3年間放置したのちに，清浄ヒツジを導入したところ3～4年後にふたたびスクレイピーが発生したことがある。そこでスクレイピー病原体を保有する動物がヒツジ以外にいるのではないかと疑われ，ニューヨーク州発達障害研究所のウイスニエフスキーWisniewskiらは枯れ草のダニをその候補として検討を試みた。アイスランドの放牧地からダニを集め，その乳剤をマウスの脳内に接種したところ，5つの牧場のうち3つの牧場のダニからスクレイピー病原体が分離され，またダニ乳剤を200倍に濃縮したところ，ウェスタン・ブロット法で異常プリオン蛋白が検出されたことを報告している。

診断の方法

スクレイピーの診断で最も求められていることは生前しかも迅速な診断である。しかし，現時点で信頼できる生前診断法は開発されていない。不確実だが臨床像から診断するよりほかにない。一般にスクレイピーの臨床症状は掻痒症，運動失調，歯ぎしり，沈鬱，流涎，興奮，過敏である。これらの症状を示したヒツジは殺処分し，ホルマリン固定材料について病理組織検査を行う。原因不明の麻痺を起こして急死した場合もスクレイピーを疑ってみる必要がある。

病変は中枢神経系に限局されている。大脳灰白質，視床，中脳，脳橋，延髄などの神経網，神経細胞などに空胞形成による海綿状変化がみられる。神経細胞の空胞は細胞質ヘルニアともいうべき変化である。好発部位の標本で空胞形成の認められる神経細胞は，1つの切片で12～112個である。

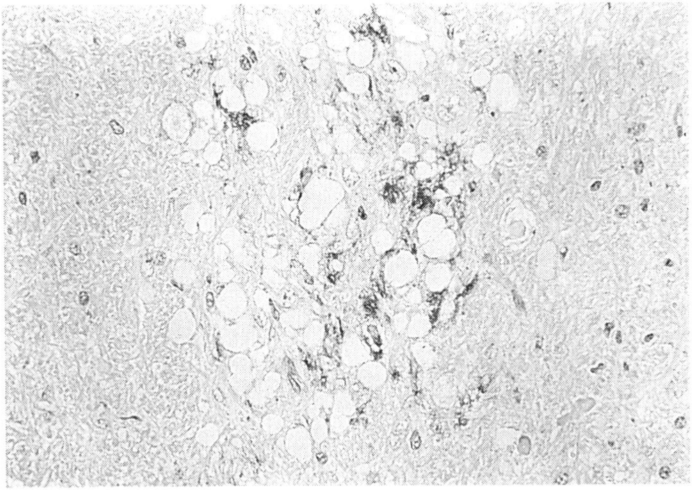

図4-6 ヒツジ延髄迷走神経背側核のプリオン蛋白(免疫組織化学染色)
(動物衛生研究所 百溪英一氏提供)

CJDで行われているホルマリン固定材料のオートクレーブ法による免疫組織化学染色は，スクレイピー材料についても有効である。弱酸（1～30mM, HCl）に脱パラフィン後の組織切片を浸しながら，オートクレーブで121℃，10分間加熱し加水分解を起こさせたのち，ウサギを免疫して作出した抗プリオン蛋白抗体と反応させる方法である。これにより異常プリオン蛋白陽性顆粒は神経細胞体およびシナプスに観察される（**図4-6**）。

生材料が入手できる場合は，電子顕微鏡観察により脳の界面活性剤抽出物の超遠心沈渣について，スクレイピー関連線維（SAF，41頁参照）を検出する。またはプロテネース

K処理した試料について，抗プリオン蛋白抗体を用いたウェスタン・ブロット法やドット・ブロット法により異常プリオン蛋白を検出する。しかし，これらの手法は生材料を2g程度必要とし，次に述べるマウスの脳での分離法に比べて感度が1,000倍ほど低い問題がある。

マウスの脳での感染性の検出は，筆者(小野寺)らはICR雌マウスへの脳内接種で行っている。この方法では，通常，接種8～10カ月後に神経症状の発現から判定できる。病原体のレベルが低い場合には，潜伏期が寿命を超える可能性もある。

オランダの獣医学研究所での免疫組織化学染色による研究では，スクレイピー感染ヒツジのリンパ組織のうち，とくに扁桃で80％以上の例に異常プリオン蛋白が検出されることが明らかにされた。この成績を利用して，最近，遺伝的にスクレイピーの潜伏期の短いヒツジと長いヒツジを，スクレイピーに汚染されている農場で飼育するという自然感染の実験で，扁桃の生検材料を免疫組織化学染色で検査した実験成績が報告された。それによると，前者は25カ月齢でスクレイピーを発病し，扁桃では10カ月齢の時点で異常プリオン蛋白の出現が見いだされた。一方，後者は70カ月の時点でまだ発病してなく，異常プリオン蛋白も検出されていない。この結果は発病前に扁桃の検査で生前診断が可能なことを示したものといえる。

体表リンパ節の一部を採取して，ウェスタン・ブロット法で異常プリオン蛋白を検出する試みは，帯広畜産大学の品川森一教授により初めて報告された。その後，オランダのグループは扁桃，米国のグループは瞬膜リンパ節についての異常プリオン蛋白の検出による潜伏期中の生前試験を発表している。

病気発生の防止

スクレイピー病原体防除の最も有効な手段は，汚染群の淘汰による清浄化と清浄群の隔離と考えられる。汚染群の殺処分はヒツジの繁殖記録が明らかな農場ではかなり有効であるが，記録の不明確な農場では，記録整備に少なくとも3年間を必要とする。

前述のようにスクレイピーでは出産時の胎盤から水平感染が起こると考えられているので，母親が発症した際，その兄弟や子などの周辺のヒツジを淘汰する必要がある。同時に出産時の後産を速やかに焼却あるいは埋却し，**表4-15**（128頁）に示したような消毒を行って水平感染を防止する。

わが国では，アイスランドや英国のようなスクレイピー発生国からヒツジを輸入する際には次のような条件が要求されている。

①農場の無病証明

輸出めん羊は，5年間，スクレイピーの発生が摘発されなかった農場由来であり，かつ放牧などによりスクレイピーが摘発された群と接触しなかったこと。

②出国検疫

輸出めん羊は，出国検疫を受け，輸出国政府獣医官による臨床検査の結果，異常が認められないこと。

2 伝達性ミンク脳症 transmissible mink encephalopathy (TME)

発生状況

TMEは，1947年に米国ウイスコンシン州のミンク農場で初めて発見された。その後，同じ病気がカナダやフィンランドの農場でも発見された。

1947年の例のほかに米国では，これまでに11カ所のミンク農場で5回発生している。そのうち4回はウイスコンシン州で1965年から91年にかけて発生し，1回はアイダホ州で87年に起きた。

発生の状況が詳細に記載されているものは1985年4月，米国ウイスコンシン州ステッソンビルのミンク農場での発生である。農場のミンクが異常行動を示し，何頭かが死亡したという連絡を受けて，獣医師が農場を訪れたところ，400頭のミンクが発症し，さまざまな段階の臨床症状を示していた。初期症状のミンクは落ち着きがなく，餌箱の1カ所で食事をすることもなく，かご中に排泄物をふりまいていた。リスのように尾をはね上げ，動きまわるものが多数みられた。症状が進行すると，手足を漕ぐように動かし，寝箱に登れなくなったり，休み場所をかごの奥に設けることができなくなった。症状の末期には，傾眠または催眠状態を示し，かごの隅に鼻を押しつけてじっとしていた。なお，発症から死亡までの期間は2～6週間であった。

この農場での発生は5カ月間続き，農場にいる7,300頭のミンクの60%が発症し，そのすべてが死亡した。発生率は雌のほうが雄よりわずかに高かった。

ミンクは高級毛皮の材料で，さまざまな毛色が好まれているために，いろいろな品種が存在する。ステッソンビルの農場ではそのなかでも特に高級な色（紫Violet，パステル色Pastels，青ゆりBlue iris）の品種が飼われていた。しかし，それぞれの毛色による発生率の差はみられなかった。また1984年5月に生まれた1歳のミンクとそれより高齢のミンクについて，群間に発症率の差はみられなかった。したがって，本病は年齢に関係なく発生したと思われる。また TME 発生のみられない他の農場から移されたBlue irisミンクでは発生がみられなかったことから，本病はこの農場で独特の飼い方をしたために発生したものと思われる。発症したミンクより生まれた子では発症がみられないので，母から子への垂直伝播の可能性は否定された。

病気の特徴

ミンクの潜伏期は自然感染では8～10カ月で，スクレイピーよりは急性の経過をとる。発症したミンクは興奮しやすくなり，徐々に運動失調が進行し数週後には硬直，けいれん発作から昏睡を繰り返すようになる（**図4-7**）。このようになったミンクは2～6週間で死亡する。ときには発症してから数日で死亡するという急性の経過を示す場合もある。

図4-7 TMEにかかったミンク

革手袋にかみついたまま眠っている。

(Dr. William Hadlow, Rocky Mountain Laboratory, Hamilton, Montana , USA より提供)

ミンクの間での水平伝播は共食いによるもので，これ以外の経路での伝播はほとんど起きていないようである。しかし，スクレイピーと異なり，TMEが発生したコロニーで，流行が持続することはない。また，発症したミンクから生まれた子で発症した例もなく，垂直感染は起きていないと考えられている。これらの事実から，ミンクは自然宿主ではなく終末宿主とみなされている。

病原体の由来

ミンクは肉食動物であり，餌として与えられていたヒツジからスクレイピーに感染してTMEが起きたものとみなされてきた。発生した農場ではほとんどのミンクが発症する大きな被害を出している。これはミンクの間での噛み合いにより病気が広がったためと考えられている。

一方，ヒツジが餌として与えられず，ウシだけが与えられていたミンクでのTMEの発生がある。この場合，ウシから感染したものと推測されることから，BSEが米国にも存在して，それがミンクに伝達されたのではないかという議論が起きたこともある。

TMEが食物からの経口感染による可能性は以前から指摘されていた。ミンクは肉食であり，ステッソンビルでは餌にはミンク農場から50マイル以内の距離にある農場の病牛，または殺処分した乳牛の肉や内臓が主に用いられ，少数の馬肉も用いられていた。また市販の魚，鶏肉，穀物も用いられていた。羊肉は全く用いられず，ウシの濃厚飼料に用いられる肉骨粉も使用されていなかった。

病理組織学的検査，健康ミンクへの伝達試験（**表4-5**）および異常プリオン蛋白の検出により，発症したミンクがTMEであることが証明された。脳には，灰白質の空胞変性が，線状体，中脳，脳幹部，大脳皮質に観察された。

表4-5 TMEステッソンビル株病原体のさまざまな動物への伝達

種	接種頭数/発症頭数（潜伏期間・月）	伝達方法（潜伏期間・月）
ミンク	14/14(4)	新生ミンク脳内接種(4) 成獣ミンク経口投与(7)
フェレット	8/7(28～38) 15/15(8～9)	成獣フェレット脳内接種 新生フェレット，第2継代
リスザル	2/2(9，13)	成獣リスザル脳内接種 リスザル脳乳剤，新生ミンク脳内接種(4，5)
ウ　シ	2/2(18，19)	6週齢雄ウシ脳内接種 ウシ脳乳剤，新生ミンク脳内接種(4) ウシ脳乳剤，成熟ミンク経口投与(7)
ハムスター	12/10(15～16)	乳呑みハムスター脳内接種 乳呑みハムスター第2継代(7～4と2)
マウス	90/0	ミンク脳乳剤，成熟マウス45匹脳内接種 ウシ脳乳剤，成熟マウス45匹脳内接種 700日間観察

発症したミンク脳乳剤をフェレット8頭に脳内接種したところ，28～38カ月目に7頭の発症がみられた。発症したフェレットの脳乳剤を15頭の新生児フェレットに脳内接種したところ，潜伏期は8～9カ月に短縮した。脳組織病変はミンクと同様であった。12匹の新生児ハムスターに発症ミンク脳乳剤を脳内接種したところ，10匹に発症がみられた。また小脳性運動失調症が15～16カ月後にみられた。発症したハムスターの脳乳剤を新生児ハムスターに接種したところ，発症までの潜伏期は7カ月に短縮された。

ステッソンビルミンクのTMEは，病牛や殺処分されたウシの内臓が感染源ではないかと疑われたことから，TMEミンク脳乳剤を6週齢の健康なホルスタイン雄ウシ2頭への脳内接種実験が行われた。その結果，接種18カ月後に，ウシ1頭が突然畜舎で倒れ，起立不能となった。発症24時間後にこのウシは殺処分された。2頭目のウシは接種19カ月後まで健康であったが，突然倒れ起立不能となった。このウシは急に眼のけいれんが起こり，背中がこわばり，手を触れると興奮状態となった。発病4日後にこのウシは殺処分された。両ウシの脳組織病変は中脳・脳幹部における海綿状変化であった。

以上の米国におけるTME発生についての研究によると，この病気はほかの伝達性海綿状脳症と異なり，潜伏期が非常に短い（12カ月以内)。このTME病原体の由来は不明である。ステッソンビルで発症したミンクは1984年6月1日に乳離れし，その後からウシの内臓を与えられていた。一方，7月17日に他の農場から導入されたBlue irisミンクにはウシの内臓を与えた記録はなく，ステッソンビル移動後も，発症していないため，6月1日から7月17日の1月半の間にステッソンビル農場において経口感染が発生したと考えられる。

伝達性ミンク脳症の発生とBSEの関係

ウイスコンシンでのTMEの3回の発生では，餌として用いられたウシとTMEの関係が語り伝えられてきている。これらのウシはけが，寄生虫，代謝異常，神経機能異常など，いろいろな原因で立てなくなったり，または立っているために支えが必要なウシであり，一般にはダウンしたウシ“downer”とも呼ばれている。これらがミンクの餌に用いられていたため，これらのウシにBSEが存在していて，TMEを起こしたのではないかという議論である。

しかし，米国でのTMEの発生がまれなこと，ステッソンビルの農場では過去35年間，病牛や殺処分のウシの内臓を与えてきたがそれまでは発病がみられなかったことを考えると，仮に存在していたとしてもウシのスクレイピー様疾患の頻度は非常に低いと考えられる。

また，これまでに米国農務省は中枢神経症状を示したウシについての系統的な調査を実施してきており，2001年7月の時点で約13,900頭についての病理組織学的検査の結果では，海綿状脳症は全く見いだされなかったと報告している。

最近，ステッソンビルの流行とは時期的にも地理的にかけ離れたTME発生での分離株のウシへの脳内接種実験が行われた。その結果，いずれの株でも1年半～2年の潜伏期で発病した。株の間で差があったが，脳の病変はスクレイピーに似た海綿状変性であり，BSEタイプではなかった。ウシにTME病原体が伝達できることは示されたが，BSEとの関連についての結論はこの実験では引き出せていない。

スクレイピー，TME，BSEの各種動物への伝達性

TMEステッソンビル株の原因と疑われているウシの病原体が英国のBSEと同一のものと仮定すると，BSE牛の脳乳剤はミンクに対して病原性を示し，ミンクに伝達すればTMEステッソンビル株と同様の生物学的性状を示すはずで

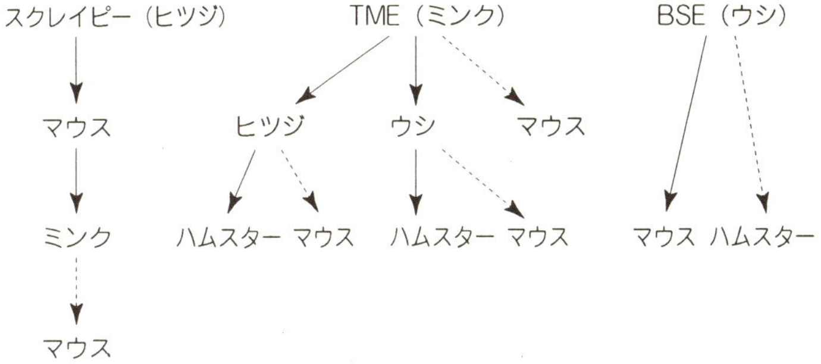

図4-8　スクレイピー，TME，BSEの各種動物への伝達性
→：伝達された　　┈→：伝達されない

ある。しかし，このような観点から行われた予備実験では，2つの病気は異なるとの結果が得られている。**図4-8**に示したように，BSE病原体はハムスターに病原性を示さないが，マウスには病原性を示す。これに対し，TMEステッソンビル株はウシ脳継代後も，ハムスターに病原性を示し，マウスには病原性を示さない。TME病原体はどの株もマウスに対して病原性を示さず，この性状はヒツジやヤギ継代後も変化しない。またヒツジスクレイピー病原体はミンク継代以前はマウスに対し病原性を有するが，ミンク継代後はマウスに対し病原性を失う。

ミンクの体内での病原体の分布はTMEがマウスで感染性を示さないため，ミンクの脳内接種で調べられた。すなわち種の壁のない状態での測定である。その結果，脳，脊髄に高いレベルの感染性が検出されたのに対して，神経系以外の組織ではほとんど検出されなかった。

3 牛海綿状脳症
bovine spongiform encephalopathy (BSE)

病気の原因

英国をはじめヨーロッパでは1920年代からヒツジ，ウシ，ブタなどから，食用肉以外のくず肉，骨などを集めて加熱調理し，脂肪を取り除いた後の脂かすを乾燥させ粉末として，家畜の餌に蛋白源として加えることが行われていた。この処理の操作をレンダリングrenderingと呼び，製造された粉末は肉骨粉 meat and bone meal と呼ばれる。脂肪は獣脂（タロー tallow）として，ワックス，ろうそく，石けん，医薬品原料など多くの目的に利用されていた。その詳細については後で述べる（173頁参照）。

臨床記録からBSEの初発生は1985年春と推測されている。英国では1980年代にヒツジの飼育数が異常に増加し，それとともに昔から存在していたスクレイピーの発生も増加した。ちょうどこの頃，濃厚飼料としてウシなどの家畜に与えている肉骨粉を製造するためのレンダリングの方法が変わった。これにより，肉骨粉の原料のひとつであるヒツジのくず肉に含まれていたスクレイピー病原体が，新しいレンダリング方法のもとで，不活化が不十分となり肉骨粉に混入し，ウシで経口感染を起こしたのがそもそもの原因と推測されている。このようにしてヒツジからウシに感染したスクレイピー病原体が，さらにウシのくず肉を介して肉骨粉に混入したことは容易に想像できる。これはヒツジの異常プリオン蛋白ではなく，種の壁（43頁参照）を越えたスクレイピー病原体により作り出されたウシの異常プリオン蛋白である。すなわちBSE病原体となった異常プリオン蛋白が餌を介してウシの間で広がる事態が生まれ，大流行になったというわけである。英国でのBSE大流行の原因は，このようないくつかの要因がたまたま重なったことによるという考え方である。

そのほかの原因としてウシ由来のBSEがもともとウシの間に存在していて，それが肉骨粉を介して広がったとの考えもある。BSE病原体の起源は永久にわからないのではないかという意見もある。

BSE発生について共通の化学物質や生物製剤の使用，輸入されたウシ，精液，生物製剤との関連，ヒツジからウシへの直接接触による病気伝達の可能性なども検討されたが，すべて否定されている。

病気の発生状況

BSEは1986年11月にロンドン郊外にある英国農漁食糧省中央獣医学研究所のウエルズWellsによりはじめて報告された。臨床的にさかのぼると最初の発生は1985年４月であり，**図4-9**に示すように１～２年の間に英国全土に広がった。

最初の発生とされているのは英国ケント州の牧場であるが，その牧場主の回顧談が，のどかな牧場で草を食べてい

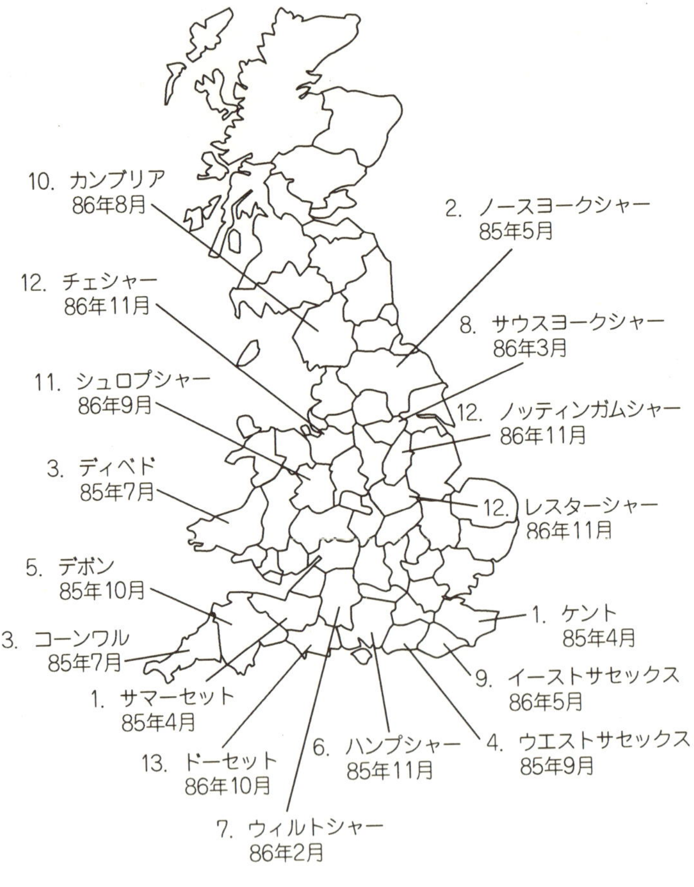

図4-9 BSE初発例とみなされるものの分布

(1985年4月～1986年12月)

(OIE：Sci. Tech. Rev. 11 : 354, 1992より)

るウシの写真とともに1996年6月末の英国の新聞タイムズに掲載された。それによると，1985年4月に300頭のホルスタイン・フリーシャン乳牛のうち，ジョンキルという名前の雌ウシがいつもはおとなしかったのが，搾乳場に入るときに急にほかのウシに向かって攻撃するのが観察された。最初は，春先に青々とした牧草を食べ始めたときに血中のマグネシウム不足から起こるよろめき病にかかったのではないかと疑った。結局，原因ははっきりしないまま，そのウシは殺処分された。その後，6カ月あまりの間，同じような例は起きなかったが，1986年の初めから，何頭もの乳牛が同じような症状を示し始めた。牧場主は獣医とともに，鉛中毒から狂犬病にいたるまであらゆる可能性を検討したが，どれも否定された。なにかこれまでにない恐ろしいことが起きているということを感じたと牧場主は当時を思い出している。

BSEは，その後3万3千以上の牧場に広がり，1996年6月には16万3千頭以上（成牛1,000頭につき3.3頭の発症率）が報告されている。1996年8月末に報告された疫学統計では，実際には1984年から95年末までに90万3千頭が感染したものと推定されている。流行のピークは1992〜93年で，週1,000例以上の発生がみられた。1988年に本病の原因とみられている反芻動物由来の餌をウシに与えることを禁止する措置が取られた後，発生は減少し始めた（**図4-10**）。2003年には年間発生数は50頭台にまで減少すると推定されている。

BSEの80％は乳牛に起きていて，肉牛では20％に過ぎない。成熟牛を飼っている農家の34％が少なくとも1回は発

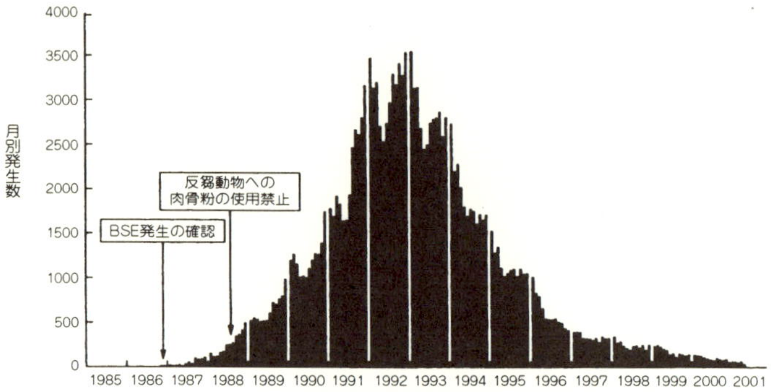

図4-10　臨床的に確認された英国でのBSE発生例（月別）
（2001年7月6日現在，英国農漁食糧省資料）

生を経験している。その内訳は乳牛飼育農家の54%と肉牛飼育農家の15%に相当する。汚染した農家では，36%が1回だけの発生の経験があり，70%は4回またはそれ以下の発生の経験をもっている。多数の牧場で発生はしたが，個々の牧場での発生率は平均3%以下であって，決して高いものではない。この点は，同じようにヒツジのスクレイピーが餌を介して起きたと考えられる伝達性ミンク脳症（TME）が，ミンク農場のなかで激しい広がりを示したのとは対照的である。

一般に発症年齢は3～6歳に集中している。ほとんどのウシが生後間もなく感染したと考えられているので，この発症年齢は潜伏期をほぼ反映しているものとみなせる。最も若い発生例は22カ月齢，最も老齢の症例は15歳である。

国際獣疫事務局 Office International des Epizooties（OIE）がまとめたBSEの発生状況を**表4-6**に示した。99%以上が英

表4-6 世界のBSE発生状況

(1) 英国（グレートブリテンおよび北アイルランド）

	1990以前	1991～1995	1996	1997	1998	1999	2000	2001	合計
グレートブリテン	24,449	135,206	8,075	4,370	3,217	2,294	1,368	1,115	180,094
北アイルランド	146	1,521	74	23	18	7	75	74	1,938
計	24,595	136,727	8,149	4,393	3,235	2,301	1,443	1,189	182,032

出典：国際獣疫事務局(OIE)　注：2002年6月3日現在。発症した年で計上

(2) 英国以外のEU諸国など

	1990以前	1991～1995	1996	1997	1998	1999	2000	2001	合計
ベルギー	0	0	0	1	6	3	9	39	58
デンマーク	0	**1**	0	0	0	0	1	6	8
フランス	0	13	12	6	18	31	161	202	443
ドイツ	0	**4**	0	**2**	0	0	7	118	131
アイルランド	29	86	73	80	83	91	149	165	756
リヒテンシュタイン	0	0	0	0	2	−	−	−	2
ルクセンブルグ	0	0	0	1	0	0	0	0	1
オランダ	0	0	0	2	2	2	2	13	21
ポルトガル	1	31	29	30	106	170	163	75	605
スペイン	0	0	0	0	0	0	2	76	78
スイス	2	184	45	38	14	50	33	34	400
イタリア	0	**1**	0	0	0	0	0	42	43
ギリシャ	0	0	0	0	0	0	0	1	1
チェコ	0	0	0	0	0	0	0	2	2
日　本	0	0	0	0	0	0	0	3	3
スロバキア	0	0	0	0	0	0	0	4	4
スロベニア	0	0	0	0	0	0	0	1	1
フィンランド	0	0	0	0	0	0	0	1	1
オーストラリア	0	0	0	0	0	0	0	1	1
計	32	320	159	160	231	347	527	783	2,559

出典：国際獣疫事務局(OIE)

注：データは2001年12月6日現在。但し，オーストラリアとフィンランドは2001年12月14日現在。感染が確定した年で計上(2001年は速報値)。ゴシック体は輸入牛での発生。

［−］は未報告

表4-7 農家への補償の状況（1996年6月現在）

国	例数	対策	補償（英国ポンド換算）
英国	163,000	感染牛の殺処分，焼却	確認例628ポンド（市価は785ポンド）確認されなかった例にはこれまでに合計1億4000万ポンド支払っている
スイス	220	感染牛の殺処分，焼却 子ウシは監視，輸出禁止	市価の70～90%
アイルランド	128	発生した群のウシすべての殺処分，焼却 これまでに1万8,600頭を処分	市価（平均700ポンド）
ポルトガル	45	全飼育群を殺処分 これまでに1,750頭を処分	平均700ポンド
フランス	20	殺処分 これまでに1,750頭を処分	平均700ポンド
ドイツ	4	4月以来，発生した群のすべての殺処分	平均700ポンド
デンマーク	1	25頭全群の殺処分・焼却	650ポンド

注：1ポンドは約170円（1996年6月現在）

国（イングランド，スコットランド，ウエールズ，チャネル島，マン島，北アイルランド）で起きている。

英国以外で自国産牛にBSEの起きた国は1996年の時点で

はフランス，ポルトガル，スイスであった。しかし，**表4-6**に示すように，2000年からヨーロッパ諸国で自国産牛でのBSE初発があいついでみられた。現在EUでBSE発生がみられていないのはスウェーデンのみである。

発症牛はすべて殺処分され，国によっては発症牛の群すべての殺処分を行っている。これらに対する政府の補償内容を**表4-7**に示した。現在もほぼ市価に相当する額の補償が政府により行われている。

臨床症状と診断

発病の初期には音への異常反応や不安動作といった行動異常がみられ，けいれんもみられる。中期になると音や接触に対する過敏反応，起立したときに本来揃っているはずの後肢が開き，歩くときにふらつくといった運動失調の症状が認められる。末期になると，攻撃的，興奮状態になる。また，運動失調が進み，転倒しやすくなり，起立不能となる。英国の農民が“mad cow” disease と呼んだのは，この末期の症状を示したものである。本病は日本語訳の「狂牛」病の名前が示すような精神の異常ではなく(182頁参照)，医学的にはあくまでも中枢神経疾患である（**図4-11～13**）。

表4-8は英国での臨床診断の基準を示したものである。この基準に従って，発症牛を殺処分して病理組織検査を行い，海綿状変性の有無から診断を行う。

生前の診断は不可能で，剖検脳の免疫組織化学染色またはウェスタン・ブロット法で行う。

病理組織学的特徴は神経細胞体および突起内における空

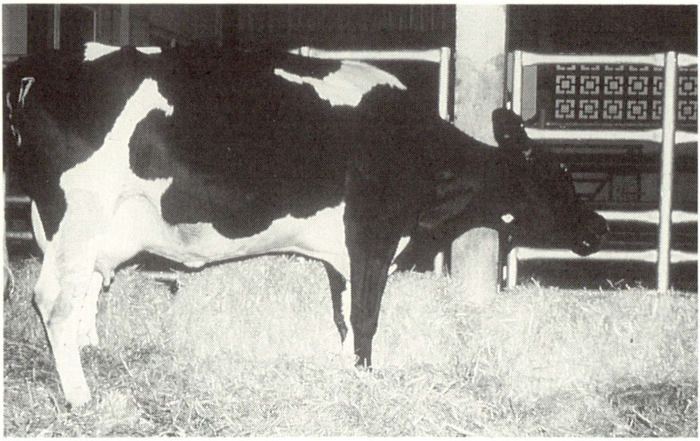

図4-11　BSE発症により，かゆがるウシ
体を柱にこすりつけている。

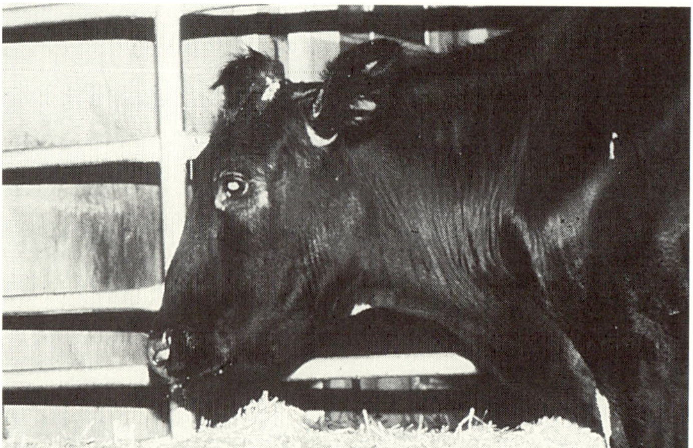

図4-12　眼が突出し，顔が緊張する特徴的な表情を示すウシ
耳は後の方に倒れている。

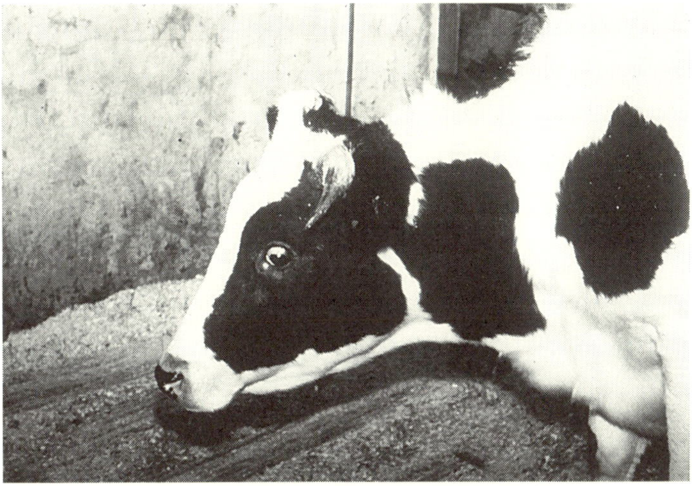

図4-13　BSE発症牛の脳乳剤を健康牛に脳内接種した際にみられる症状

眼が突出し，顔が緊張する特徴的な表情を示す。耳は後の方に倒れている。
(図4-11～13はDr. G.A.H.Wells, Central Veterinary Laboratory, UK より提供)

表4-8　英国におけるBSE臨床診断基準

1．初期

　行動異常：音に対する異常反応，不安動作，持続的に鼻をなめる，地面をける，けいれん

2．中期

　行動異常：音や接触に対する過敏反応

　運動失調：起立時の後肢開脚，四肢特に後肢を高く上げてふらつき歩様

3．末期

　行動異常：攻撃的となり興奮状態になる

　　　　　　後肢に触れると激しくけったりする

　運動失調：四肢を滑らせ転倒しやすい

　　　　　　起立不能になる

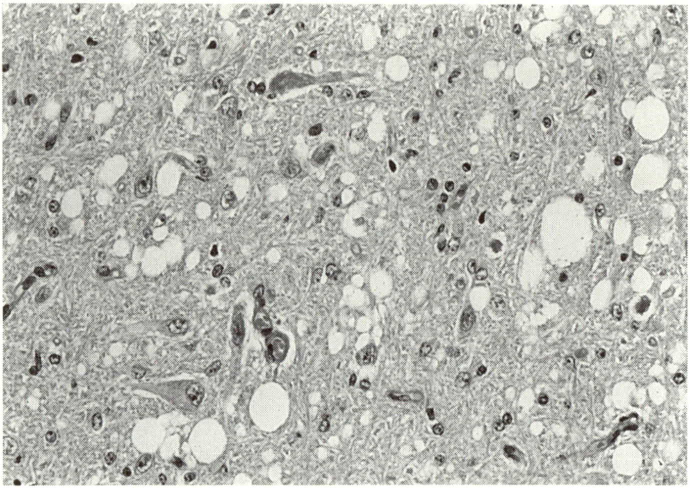

図4-14　BSE発症牛の延髄の空胞変性

(@crown copyright : Central Veterinary Laboratory, UK)

胞変性である。一般にBSEの診断は延髄切片を用いて行われるが，迷走神経背側核，孤束核，三叉神経脊髄核に空胞が存在すれば確定診断される（**図4-14**）。ただし，ウシの脳幹部ではときとして，赤核に非特異的に神経細胞の空胞変性がみられるため，赤核のみに病変がみられる場合はBSEより除外する。

免疫組織化学染色は組織切片について，CJDで開発されたギ酸処理とオートクレーブ法による異常プリオン蛋白の検出で行われる。

採取後すぐにホルマリン固定が行われないと，脳の組織は急速に自己融解を起こしてしまい，病理組織検査が困難になる。野外では，このような事態も起こりやすい。固定までに48時間以上経過したサンプルについては電子顕微鏡によるスクレイピー関連線維[注]の検出が補助手段となる。

生前診断はBSE対策における最も重要な課題のひとつである。これがないために，科学的根拠がないまま，すでに450万頭ものウシの殺処分が英国政府で行われた。

米国NIHとカリフォルニア工科大学の共同研究では，CJDの髄液での診断が進めらた。CJD患者では，髄液二次元電気泳動にかけると，正常の髄液ではみられない蛋白のスポットが認められる。そのうち分子量2万6千および2万9千の130，131番目のスポットと名付けられた蛋白が注目され，その性状を調べたところ，神経蛋白14-3-3[注]ファミリーに属することが明らかにされた。14-3-3蛋白に対する抗体を用いた検査キットを作製して調べたところ，CJD患者では95%が陽性，非CJDでは2%が陽性で，検出率は98%といわれている。この検査法は異常プリオン蛋白の検出ではなく，脳組織の変性の結果，髄液に出てくる蛋白の検出とみなされている。ヘルペス脳炎でも90%以上が陽性になることは，このことを裏付けるものと思われる。

この方法は現在，孤発性CJDの補助診断に利用されている。クールー病原体を接種したチンパンジーでの試験では発病以前には陰性であるため，発病後でないと利用できな

スクレイピー関連繊維：異常プリオンが凝集したもの（41頁：**図2-6**）。

神経蛋白14-3-3：正常の神経蛋白で，その役割のひとつとして，ほかの蛋白の立体構造を安定させることが推測されている。

いものと思われる。また，この方法では100万人の検査で偽陽性が2万人出ることになる。100万人に1人の発生率であるCJDで，2万人の偽陽性の出る試験をどのように考えるべきかという点についても，議論が起きた。

一方，BSEの場合には極めて高い発生率であるため，この方法の実用性が期待できるという考えで検討が進められたが，BSEには利用できないことが明らかになった。

英国獣医学研究所（当時英国中央獣医学研究所）では，スクレイピー感染ヒツジについて尿での生化学的検査法の研究が古くから行われていたが，BSE発生とともに研究が推進されている。尿中の酵素や蛋白などの代謝産物のクロマトグラフィーによる分析から診断しようというものである。しかし，実用化の可能性が乏しいことから，この研究は中止された。

最近，イスラエルの研究者はスクレイピーのハムスターモデルで，尿中に異常プリオン蛋白の検出を発表しており，尿による検査の可能性を述べている。

プリオン病の診断

プリオン蛋白には2カ所の糖鎖結合部位が存在するため，電気泳動によって3種のバンド（無糖鎖，1本糖鎖，2本糖鎖）がみられる。

1）感染性の測定

マウスの脳内接種によるバイオアッセイが最も感度が高い。

2）免疫化学的診断

英国では2種類のモノクローナル抗体を用いている。N′

末端に対するものとしてFH11（2カ所のエピトープ反応）と3F4（1エピトープ反応）がある。その際，病原体濃度の高い場合のみに異常プリオン蛋白（PrP^{Sc}）が検出可能で，病原体濃度が低い場合には，正常プリオン蛋白（PrP^{C}）のみ検出可能である。クレッチュマーKretzsmarのグループ（ドイツ マックスプランク研究所）は，蛍光ELISAにより，バイオアッセイと同感度の検出法を開発したと述べている。この方法ではナノモルのレベルまで検出可能とされている。

ホープHopeのグループ（英国家畜衛生研究所）は立体構造特異的に反応する系（RNAアプタマー）を開発していると述べている。彼らはアプタマー法こそ未来の検出方法と主張し，蛋白とRNAアプタマーの相互関係に関する研究が必要であると述べている

RNAアプタマーはモノクローナル抗体により，動物蛋白に対して高感度に作用するものと考えられており，動物ゲノムプロジェクトがこの研究に役立つことが期待される。RNAアプタマーは血液中の病原体を検出するのに有効かもしれない。

一方，赤血球分化関連因子や14-3-3蛋白のような関連マーカーが，感染臓器により放出されたり，逆に抑制されたりするので，診断に用いられる可能性が考えられる。

3）迅速診断

BSEの迅速検査キットとして，欧州委員会の比較試験で実用性が確認されたキットは，①プリオニクス社（ウェスタン・ブロット法），②エンファー社（ELISA），③フランス原子力庁研究所：バイオラッド社（ELISA）の3種類である。

表4-9　BSE検査法の比較

検査法	使用材料	測定原理(方法)	判定
病理組織学的検査	脳(延髄)の病理組織切片	病理組織切片を顕微鏡検査し，組織の空胞変性(脳組織に穴の開いた状態)を確認。	空胞が検出された場合BSE陽性を疑う〔この検査のみでは確定診断とはならない〕
ウェスタン・ブロット法	脳(延髄)組織を破砕した乳剤	乳剤中の蛋白質の大きさ・構造の違いにより電気的に分離した上で，プリオンに反応する抗体で染色し，プリオンの分布状況(バンド)をみて確認。〔異常プリオン蛋白(BSEの病原体)と正常プリオン蛋白はバンドの位置が異なる〕	BSEに特有なバンドを確認した場合BSE陽性
免疫組織化学的検査	脳(延髄)の病理組織切片	病理組織切片をウシプリオン蛋白に反応する抗体で染色して確認。	染色された場合BSE陽性
ELISA法	脳(延髄)組織を破砕した乳剤	抗原抗体反応の一種で，病原体の有無を抗体に付いた酵素により色の変化として検出。	発色の度合いによりBSE陽性

いずれも屠畜場で延髄組織を0.5～１g取り出し，免疫化学的に検出する。これらのキットでは，発症前潜伏期のかなり後期（発病の１～２カ月前）の感染例のみが摘発される。中立的機関で行われた感度・特異性などの比較実験の成績は**表4-27**（160頁）に示したとおりである。

今後開発される診断法には次のような条件が求められる。

①単純で迅速

②潜伏期中の生前の診断が可能

③屠畜場の材料に直接用いられるほど簡便なものであること

現在英国およびEUで１年間に解体される動物の数は，ウシ2,800万頭，ヒツジ6,200万頭である。そのうち，ウシ1,000万頭の検査を欧州委員会は目指している。したがって，検出キットの市場規模は莫大なものと考えられる。もし将来，殺処分することなく生体を直接検査する方法が開発されれば，その国のスクレイピーや伝達性海綿状脳症の撲滅も可能になるであろう。

表4-9にBSE検査法の比較を示した。

BSE病原体の体内組織での分布

BSEはヒツジのスクレイピーの場合と同様にマウスの脳内接種で感染価の測定が可能である。BSEでの成績が出るまでに，スクレイピー自然発症のヒツジとヤギでの体内組織分布の成績をもとに，**表4-10**に示すような感染価の程度に応じて４つのカテゴリー分類がWHOとEC（現EU）で行われた。

表4-10　スクレイピー自然発症のヒツジおよびヤギの組織と体液中の相対的感染価(WHO，1991)

カテゴリー	感染価	組織，体液
1	高度	脳，脊髄
2	中程度	脾臓，扁桃，リンパ節 回腸，近位結腸
3a	ある程度	座骨神経，下垂体，副腎 遠位結腸，鼻粘膜
b	最小限度	骨髄 肝臓，肺，膵臓
4	検出されない	骨格筋，心臓，乳腺，初乳 乳，凝固血液，血清，糞 腎臓，甲状腺，唾液腺，唾液 卵巣，子宮，睾丸，精巣

この分類にBSEの成績を加えた表が1995年WHOの専門家会議に提出された（**表4-11**）。これはBSE発病末期のウシでの成績である。胸腺が含まれていないのは，胸腺は若い年齢のときしか存在せず，これらのウシではすでに退化しているためと推測される。この表に示されるように，病原体は脳と脊髄でのみ検出されている。

乳では脳内接種の実験のほかに，大量の乳を長期間飲ませる実験も行われたが感染性は検出されなかった。この際にマウスが飲んだ乳の量は体重70kgの成人が毎日約500m*l*の牛乳を6.75年飲んだことに相当するといわれている。

その後，子ウシへの感染実験で，脳，脊髄のほかに眼の網膜，回腸遠位部，末梢神経節（三叉神経節，背根神経節）

表4-11　スクレイピー自然発症のヒツジ，ヤギと BSE牛の比較（WHO，1995一部改変）

カテゴリー	組　織	感　染　価*		
		ヒツジ	ヤギ	ウシ
1	脳	5.6	6.5	5.3
	脊髄	5.4	6.1	+
2	回腸	4.7	4.6	<2.0
	リンパ節	4.2	4.8	<2.0
	近位結腸	4.5	4.7	<2.0
	脾臓	4.5	4.5	<2.0
	扁桃	4.2	5.1	<2.0
3	座骨神経	3.1	3.6	<2.0
	遠位結腸	<2.7	3.3	<2.0
	胸腺	2.2	<2.3	?
	肝臓	<2.0	−	<2.0
	肺	<2.0	<2.1	<2.0
	膵臓	<2.1	−	<2.0
4	凝固血液	<1.0	<1.0	<1.0
	心筋	<2.0	−	<2.0
	腎臓	<2.0	<2.0	<2.0
	乳腺	<2.0	<2.0	<2.0
	乳	−	<1.0	<1.0**
	血清	−	<1.0	<1.0
	骨格筋	<2.0	<2.0	<2.0
	睾丸	<2.0	−	<2.0

* LD_{50}/g（マウス脳内接種）　+：>2.0，　−：未決定　?：データなし
カテゴリー 4 に含めるよう勧告されているもの；胆汁，骨，軟骨，結合織，毛，皮膚，尿

** 乳については，WHO の表では?になっているが，その後に発表された成績から <1.0 にするのが妥当と考えられる。

表4-12 EU医薬品審査庁による臓器分類

カテゴリー1 （高度感染性）	脳*，脊髄*，眼*
カテゴリー2 （中等度感染性）	回腸遠位部*，リンパ節，結腸近位部 脾臓，扁桃，硬膜，松果体，胎盤 脳脊髄液，下垂体，副腎
カテゴリー3 （低感染性）	結腸遠位部，鼻粘膜，末梢神経節*，骨髄* 肝臓，肺，膵臓，胸腺
カテゴリー4 （検出可能な感染性なし）	凝血，糞便，心臓，腎臓，乳腺，乳汁 卵巣，唾液，唾液腺，精嚢，血清，骨格筋 睾丸，甲状腺，子宮，胎児組織，胆汁，骨 軟骨組織，結合組織，毛，皮膚，尿

* BSE牛で感染性が検出される部位（筆者注記）

に感染性が見いだされた。このうち，回腸では接種6カ月後という早い時期から見いだされ，ここが病原体の侵入部位と推測されている。

現在はWHOの表をもとにEU 医薬品審査庁が作成した臓器分類が広く用いられている（**表4-12**）。

感染性の検出法としてのマウスによるバイオアッセイ

BSE牛の脳の感染価はヒツジのスクレイピーの場合とほぼ同程度であることから，マウスでの検出効率はBSEとスクレイピーではほぼ同じとみなせる。しかしBSEでは脳，脊髄，網膜，回腸遠位部，末梢神経節および骨髄にしか感染性は検出されず，リンパ系組織には全く検出されない。スクレイピー発症ヒツジでは，脳，脊髄，リンパ組織および胎盤から病原体が高度に分離されることはよく知られている。したがって，BSEとスクレイピーの間には株間の差があるのかもしれない。

BSEの感染価をウシで測定する実験も行われている。脳乳剤で調べた結果では，ウシでのバイオアッセイはマウスの場合の700倍の感度を示している。しかし，ウシでのバイオアッセイでも，BSE発症牛の脾臓で感染性は検出されていない。

BSE病原体の特徴

BSE病原体に感受性の動物は自然感染では，ネコ，ウシ科の野生動物，ピューマ，チータなどが見いだされている（162頁：**表4-28**）。ドッグフードの中にも肉骨粉は加えられていたため，イヌもBSEにさらされたとみなされるが，イヌでの発生報告はまったくない。一方，感染実験を行った10種類のうち，8種類の動物への伝達が報告されている（**表4-13**）。興味がある点のひとつとして，ハムスターには伝達されないことがある（103頁参照）。

スクレイピー病原体の場合と同様にマウスがBSE病原体の性状解析にもっとも適している。

スクレイピーを接種したマウスでは潜伏期の長さが*Sinc*（scrapie incubation）遺伝子で支配されており，この遺伝子はプリオン遺伝子に連関している。スクレイピーには実験室で継代されているものだけでも20株以上存在しており，

表4-13　BSEの感染実験

動　物	接種ルート	
	経　口	脳　内
マウス	15*	9.7
ウシ	35	18
ヒツジ	18	14
ヤギ	31	17
ブタ	伝達されず	16
カニクイザル	未試験	35
マーモセット	未試験	46
ミンク	15	12
ハムスター	未試験	伝達されず
ニワトリ	伝達されず	伝達されず

*：発症までの最短潜伏期(月)

株によって潜伏期の長さはばらばらである。ところがBSE株では，どのウシの脳乳剤でもそれぞれのマウス系統で一定の潜伏期間を示す。この結果は，単一の株がBSEの流行の原因になっていることを示唆している。

BSE発症牛の脳での病変の分布と各病変部位の組織学的特徴の面でもマウス系統により一定の病変分布を示す。これも，単一株の流行を示したものとみなされている。

単一の株が流行を起こした理由については，以下のふたつの可能性が推測されている。

①あるスクレイピー病原体の1株だけがウシの体内で増殖可能となった。

②レンダリングの操作で，熱に強い株が選択された。

実際に，BSE株はほかのスクレイピー株よりも熱に強い傾向が見いだされている。また，これまでに調べられたスクレイピー株のなかで，BSE株の特徴を示すものはみつかっていない。これらのことから，後者の可能性が高いと考えられている。

前述のようにBSE発症牛の脳乳剤を*Sinc*遺伝子の異なる近交系マウスの脳内に接種すると一定の潜伏期と，一定の脳病変分布を示す。すなわち，潜伏期と病変分布にBSEに特徴的なプロフィールがみられる。このプロフィールは，**表4-14**に示したように，汚染餌からBSEに感染したネコ３匹，ニアラ，クーズー各１頭の脳乳剤を近交系マウスに接種した場合でも同じである。また，BSEを実験感染させたヒツジ，ヤギ，ブタの脳乳剤を接種した場合でも同じプロフィールがみられている。すなわち，自然感染，実験感染のいずれでも，種の壁を越えたBSEが，ウシのBSEと同様のプロフィールを近交系マウスで示すことが明らかになったのである。この知見は，前述（76頁）のように，変異型CJDがBSE由来であることを示唆する証拠のひとつになった。

レンダリングのBSE病原体不活化効果

レンダリングrenderingは**図4-15**に示すように，ヒツジ，ウシ，ブタなど種々の食用動物から食肉を除いたくず肉を調理して脂肪と脂かすに分け，脂肪はワックス，医薬品などに用い，脂かすはさらに粉末にして肉骨粉(meat and bone meal)とする操作である。肉骨粉という訳は誤解を招きやすい。肉骨粉のなかに骨粉は全く含まれていない。骨

表4-14 BSE株の近交系マウスでのタイピング
海綿状脳症発症までの平均潜伏期間(日数±標準偏差)

	マウス系統				
	Sinc[s7]		*Sinc*[p7]		*Sinc*[s7p7]
接種材料	RIII	C57BL	VM	IM	C57BL×VM
牛海綿状脳症(BSE)					
ウシ1	328±3	438±7	471±8	537±7	未試験
ウシ2	327±4	407±4	499±8	548±9	743±14
ウシ3	316±3	436±6	518±7	561±9	未試験
ウシ4	314±3	423±5	514±11	565±8	未試験
ウシ5	321±4	444±14	516±9	577±12	745±22
ウシ6	319±3	447±11	545±7	576±13	755±18
ウシ7	335±7	475±14	545±12	未試験	試験継続中
スクレイピー					
ヒツジ1	386±10	404±5	769±16	815±23	610±8
ヒツジ2	—[b]	—[b]	—[b]	—[b]	—[b]
ヒツジ3	612±28	618±27	—[b]	未試験	試験継続中
猫海綿状脳症(FSE)					
ネコ1[a]	348±3	434±12	542±12	573±13	731±23
ネコ2	312±4	426±4	457±10	523±10	676±13
ネコ3	302±3	405±8	469±12	502±14	692±10
海綿状脳症(SE)					
クーズー[a]	339±5	465±14	536±10	560±12	754±24
ニアラ[a]	378±8	529±11	548±17	614±11	772±3
実験的BSE:					
ヒツジ	297±3	408±9	446±10	478±9	662±13
ヤギ	308±3	392±8	480±11	512±12	685±14
ブタ	316±5	433±6	489±8	534±16	717±11

a:ホルマリン固定材料からの伝達　　b:伝達されない

(Bruce, M. *et al* (1994):Philosophical Transactions of the Royal Society of London. Series B. Biological Sciences, 343, 405-411, 1994 より)

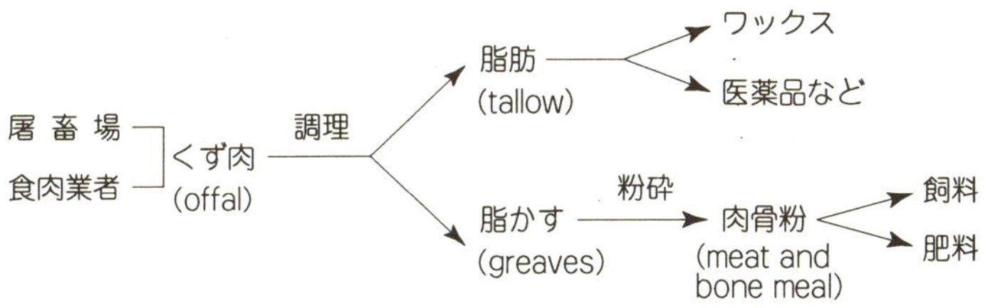

図4-15　レンダリング工程の概要

粉bone mealは骨を焼いてカルシウムの粉として健康食品や肥料などに用いるものであり，meat and bone meal とは別のものである。レンダリングの対象になるのは，肉と内臓で，特に胃のなかの反芻中の草がかなり多く含まれているので，単にくず肉というより緑のくず肉(green offal)と呼ぶ方が適しているという意見もある。

レンダリングの際にくず肉に含まれていたヒツジのスクレイピーが十分に不活化されなかったために，肉骨粉を介してウシに感染を起こしたのが，BSEの原因と推定されている。この可能性を実験的に検討する試みが2回行われている。いずれも英国家畜衛生研究所がヨーロッパ・レンダリング協会の協力のもとにパイロット・プラントを設置して行ったものである。

最初の実験は800頭あまりのBSE発症牛の脳を集めて行われた。この場合には発病牛の脳のなかの感染価が低かったために，第2回の実験では，約3,000頭のスクレイピー発症ヒツジの脳を集めて，これにブタのくず肉を加えてレンダリングが行われた。

いずれの実験でも，現在の連続処理法で肉骨粉のなかのスクレイピー感染性は完全には不活化できないことが確かめられた。しかし，脂肪（獣脂）には，現在のレンダリング法でも感染性は検出されていない。

英国におけるこの実験のために，スクレイピーヒツジの脳を3,000頭分集めるのには，1頭当り15ポンド（約2,600円）の代金を払っており，半年かかったという。このことから当時スクレイピーの年間発生数は6,000頭以上はあったと推定される。ところが，スクレイピーが届出伝染病に指定されたところ，報告された発生数は激減したという。報奨金と罰金の効果の違いを示したものとみなされている。

BSE病原体の不活化・消毒

1）野外対策

表4-15に示すように，スクレイピーに準じて対処する。患畜あるいは感染が疑われるウシは焼却しなければならない。剖検にあたっては，血液やそのほかの汚物による牧場や動物舎あるいは解剖室の汚染を最小限にし，手早く実施

表4-15　BSE病原体の消毒法

1．焼却する
2．136℃のオートクレーブ　30分
3．1～2規定の水酸化ナトリウム　1時間
4．0.5％以上の次亜鉛素酸ナトリウム　2時間
5．3％SDS（ドデシル硫酸ナトリウム）で100℃煮沸10分間

することが大切である。

病原体は中枢神経系だけでなく胎盤にも多く分布しているという前提で，通常の分娩でも，動物舎を血液，胎盤の汚物で汚さないようにし，普段からこれらを速やかに焼却する習慣をつけておくことが大切である。焼却は最も確実な不活化手段である。

万一，患畜の血液，体液，胎盤などの汚物で放牧地，動物舎などが汚染されたときは，焼却可能なものは焼却し，そのほかのものは次亜塩素酸ナトリウムや水酸化ナトリウムによる処理，100℃加熱，または3％SDS（ドデシル硫酸ナトリウム）煮沸で消毒する。

2）実験室の安全対策

スクレイピーと同様の対策を行う。留意点を**表4-16**にまとめた。

食品，医薬品，化粧品，医療材料の安全性

BSEの問題が発生して，改めてウシ由来製品の現状を調べてみると，われわれの日常生活に実に密接に関連しているのに驚かされる。

食品としてそのまま利用するのは牛肉，ミルク，焼肉用の内臓などが主体であるが，それらを原料として作られた製品となると，粉ミルク，ソーセージ，ハム，ベーコン，固形スープ，コラーゲン・ケーシング（コラーゲンを主材料として，ソーセージなど肉製品を詰めたり，または医薬品カプセルとして用いられる包装資材），粉末牛気管，牛骨粉，ゼラチンなど数多くある。

表4-16 実験室内の安全対策

1．患畜や剖検後の動物は術後速やかに焼却する。
2．血液，体液，骨粉，悪露などの飛散に注意する。
3．剖検時には水道水を流したまま使用しない。
4．不要な体液や組織は容器に入れ焼却する。その周囲は消毒薬液で処理をする。使用可能な消毒薬は1～2規定の水酸化ナトリウムか，0.5％以上の次亜塩素酸ナトリウムである。消毒時間は水酸化ナトリウムの場合は1時間，次亜塩素酸ナトリウムの場合は2時間である。これ以外の消毒液はあまり効果がない。
5．オートクレーブ消毒では最低121℃30分であるが，121℃でも完全に失活しない株の存在も知られているので，136℃30分が理想的である。
6．臓器固定に使用したホルマリン液は高濃度の水酸化ナトリウムで処理する。
7．病原体は10％ホルマリン液のなかでも，低いレベルではあるが感染性が残るため，臓器の切り出しには上に述べた安全対策に基づいた対応を行う。
8．感染組織などの処理の際に，誤ってメスで怪我をしたり，針を刺した場合には，次亜塩素酸ナトリウムで強く洗浄する。

現在，日本の農林水産省や厚生労働省は米国と同様にEU諸国から牛肉および肉製品の輸入を禁止している。これは，変異型CJDおよびBSEに対する予防措置である。しかし，乳および乳製品については対象外である。現在欧州で問題とされているのは，発病しない前のキャリアー状態になっているBSE感染牛の存在である。2000年からフランス，ドイツその他の国でプリオニクス社のキットによりこれらの発病前のウシの存在が明らかにされた。そのことが今回の欧州におけるBSEの発生増加の原因のひとつである。現在，発病前のウシがどの程度存在するかは不明確な状態である。したがって，欧州に旅行する際は，一般の肉や乳製品は安全と考えられるが，くず肉のようなものについては，ある程度注意したほうがよいと思われる。また，米国食品医薬局（FDA）はBSE未発生国でも，北欧や東欧を高リスク国に分類している。したがって，これらの国を旅行する際にも同様の注意が必要と考える。

医療関係では，厚生労働省のまとめた資料（191頁参照）に示されるように，一般医薬品，漢方薬にいたるまで，非常に多くの医薬品への利用や，医療用具に利用されていることがわかる。

これらの製品の安全性の評価は，1991年のWHO専門家会議，1992年のEC（現EU）規制などに示されてきた。さらに，1996年3月の変異型CJDに関する英国政府発表の直後，1996年4月3日に，WHOの専門家委員会から「BSEの蔓延の防止と疾患からヒトの危険性を最低限度に引き下げるための国際専門家による対策の提案」が発表された。その勧告のうち，食品，化粧品，医薬品などの安全性にかかわる部分を以下に示す。

①伝達性海綿状脳症（TSE）の症状を示している動物のいかなる部分もヒトまたは動物の食物連鎖に入れてはならない。TSEの感染体をいかなる食物連鎖にも入れないように，TSEに感染した動物の屠畜および安全な処理をすべての国は確実に実施しなければならない。効果的なTSE感染体の不活化を確実に行うためのレンダリング（化製方法）をすべての国は見直すべきである。

②すべての国は持続的サーベイランスを確立し，国際獣疫事務局（OIE）の勧告に従い，BSEの継続的監視体制と強制的報告体制を

確立すべきである。監視データがない場合には，その国のBSEの状況は不明とみなす。

③BSE発生国はBSE因子を含む可能性のある組織をヒトおよび動物の食物連鎖には入れない。

④反芻動物への飼料に反芻動物の組織を使用することを禁止する。

⑤牛乳，乳製品は病原体が検出されておらず，ゼラチンは化学的に処理されているから安全とみなす。

⑥医薬品についてはすでにBSE因子を伝播する危険性を減少する措置が策定され，適用されている。

この専門家会議の勧告はBSEが含まれる組織を用いないようにする行政措置が中心である。さらに，ゼラチンについてはBSE感染性の組織分布に関するデータと加工処理過程でのBSE病原体の不活化効果を考慮した結果に基づいた見解，牛乳についてはマウスへの脳内接種実験のほかに，マウスへの大量経口投与実験で感染性が検出されなかった結果から安全とみなされるという見解になっている。

ゼラチンは，原料となる皮膚や骨を脱脂後，pH 2～3の強酸に3～4日浸け，さらにpH12以上の強アルカリ液に2～3カ月浸けて，溶出させたゼラチンを濃縮，乾燥させて粉末とするものである。皮膚や骨はカテゴリー4（120頁：**表4-10**）に分類され，感染性は検出されず，さらに上述のような処理は感染性を不活化するものである。

2001年現在，日本および米国政府は輸血による変異型CJD感染の予防措置として，献血における規制を行っている。カナダ，ニュージーランド，ドイツ，スイスでも同様の規制を行っている。

英国では供血者の中から後に変異型CJDを発症した患者がみつかって，大きな問題となった。英国で用いられている血漿は国外からのものに限られ，英国の国内で使用される血液については白血球の除去操作が行われている。

英国での変異型CJDの問題は，血液以外に移植臓器，医療および手術用具に広まっている。手術は特に眼や脳神経外科が問題とされている。英国では30～40歳以下のヒトの臓器の安全性が議論されている。

手術の際はできるだけディスポーザブルの器具を用いることが勧められている。また器具の消毒は，1Nの水酸化ナトリウムを用いた後に，134℃1時間加熱するというように二重に行うことをWHOは推奨している。これらの消毒の不可能な器具については，6M尿素と6Mグアニジン・チオシアネートの組合せでもある程度の消毒効果がみられる。

英国政府の行政対応

英国政府がこれまでに行ってきた主な対策を**表4-17**にまとめた。

そのうち，流行の阻止と人体への安全確保に関する重要な措置は，①1988年，反芻動物由来の蛋白の反芻動物飼料への利用の禁止，②1989年，6カ月齢以上のウシの特定の臓器（脳，脊髄，胸腺，扁桃，腸）を人の食用にすることの禁止，③1990年，ウシ由来蛋白の動物，鳥類への使用禁止，④1996年3月，すべての家畜への哺乳動物蛋白のリサイクルの禁止と30カ月齢以上のウシについて，殺処分された牛肉の販売一時禁止である。

表4-17 英国がBSEに対して行った行政対策関連事項

年月日	内　　容
1985. 4	BSEの初発例（追跡調査による推測）
1986.11	病理組織学検査によるBSE初発例の確認
1987.11	BSEに関する第1報（Wellsら, *Vet Rec*, 121：419-420, 1987）
1988. 5	BSEに関する英国調査委員会（Southwood委員会）の設立
6	BSEを届出（notifiable）伝染病と指定
7	反芻動物由来の蛋白をウシおよび他の反芻動物に濃厚飼料として与えることを禁止
8	臨床的にBSEを疑われるウシについて50％の補償で殺処分
12	BSEを疑われるウシからの乳の廃棄処分
1989. 2	Southwood 委員会の報告書出版。一連の行政対策の実行
6	海綿状脳症（SE）研究に関する諮問委員会（Tyrrell委員会）報告書の公表
11	英国6カ月齢以上のウシ内臓（特定臓器）をヒトの食用に供することを禁止 スコットランドおよび北アイルランドでは1990年1月から実施
1990. 1	Tyrrell委員会報告書出版，BSE研究に関する予算増について公表
2	臨床的にBSEを疑われるウシについて100％の補償で殺処分
4	英国農漁食糧省，保健省のもとに新Tyrrell委員会（New Spongiform Encephalopathy Advisory Committee：SEAC）の設立
5	猫海綿状脳症（FSE）の初発例
7	議会農林委員会においてBSEの現状について報告
9	豚海綿状脳症がBSE材料の脳内接種実験により成立。SEACはウシ特定臓器を鳥類を含むすべての動物に飼料として用いることを禁止
11	政府の議会農林委員会に対する報告書の出版
1991. 2	議会農林委員会の勧告により，飼料産業に対する立法処置の見直しの委員会（Lamming委員会）の設立

1991.	4	マーモセットにスクレイピー材料脳内接種により海綿状脳症伝達
1992.	3	マーモセットにBSE材料脳内接種により海綿状脳症伝達
1993.	7	BSE症例が10万頭を超える
1994.	6	哺乳動物の蛋白を反芻動物に与えることを禁止
	11	6カ月齢以下のウシ内臓（特定臓器）をヒト食用に供することを禁止
1996.	3	すべての家畜，ウマ，養殖魚への哺乳動物蛋白のリサイクルの禁止
		30カ月齢以上のウシについて，殺処分された牛肉の販売を一時禁止。食品衛生局の監督のもと，認定工場で骨抜きすること（30カ月法）
		EU委員会による英国からの牛肉，牛加工品，医薬品原料，哺乳動物由来の飼料原料（肉粉，骨粉）の輸出禁止
		英政府による新BSE法，ウシ屠畜法の改善，レンダリング業界に対する経済援助
	4	緊急牛肉法1996の改正。2カ所以上に永久前歯のあるウシでも牛証明書（牛パスポート）で月齢を示すことを指示
		緊急牛肉法1996の改正。BSEの発生がみられない第三国由来の哺乳動物肉骨粉は禁止規定よりはずす
		肥料法1996の施行。哺乳動物由来肉骨粉の肥料利用禁止。個人の菜園・温室・プランターでの使用は可能
		EC委員会，30カ月法で英国がウシを屠畜した際のEUの経済援助について条件を決定
		鮮肉法1996。屠畜場は通時はヒト食用の動物の屠畜を行うが，今回はヒト食用に供しない30カ月齢以下のウシ，10日齢以下のウシについても屠畜を行うことを許可
	5	30カ月齢以下のウシでも食肉以外の死体部分は特殊染色し廃棄
		牛畜法1996の施行。違反者には罰金，禁固刑を課す
		BSE補償法の改正。金額をすでに暴落してしまった“市価”とせずに，政府の計算による金額 indicative market price(IMP)とする

これらの一連の措置は，BSEがヒツジのスクレイピー病原体に汚染した肉骨粉を介して起きたことを前提としてたてられたものである。

BSE病原体の体内分布についての情報は，これらの対策できわめて重要なものである。しかし，病原体の検出のためのマウスでのバイオアッセイには長い年月が必要であるために，当初はすべてヒツジのスクレイピーで得られていた知見をもとに一連の対策がたてられた。英国にはスクレイピー研究の膨大な成果の蓄積があり，それらを利用して有効な対策が迅速に立てられたのである。

30カ月齢以上のウシを殺処分する理論的根拠は，BSE病原体のウシへの実験感染で32カ月齢までは脳および脊髄に感染性が見いだされなかった実験成績による。30カ月齢は，ちょうどこの頃にウシの歯並びに大きな変化が起きて外観から容易に年齢が推定できる利点もある。

英国におけるヒトへの安全対策（表4-18）

表4-18　英国におけるヒトへの安全対策

1．医薬品：2001年7月から英国の材料を用いないよう，法規制。
2．ワクチン：2001年7月から英国の材料を用いないよう，法規制。
3．医原性による伝達の予防：医療機関における汚染除去，消毒徹底のプログラム。
4．血液使用の規制，自己血液の使用。血液からの白血球の除去は1999年より実施。
5．英国国民に由来する血液，血漿を血液製剤に用いない。
6．手術用具の特殊消毒（神経外科，眼科，扁桃，リンパ節の外科的除去の場合）。
7．年間2億ポンドを医療機関における施設の整備，汚染の除去に費やす。
8．さらに年間2,500万ポンドを扁桃腺等の除去手術施設の整備に費やす。
9．各地方(State)に変異型CJD*対策委員会を設置(ライスターシャー地方での，変異型CJDの集団発生は，食肉店での肉の処理過程での汚染が疑われている)。

*変異型CJDの例：孤発性CJDの発生年齢の平均は65歳（50～75歳）であるが，変異型CJDの場合は25歳(10～45歳)である。変異型CJDの病理像は花模様(florid）斑で，クールーの症例によく似ている。この花様斑は孤発性CJDにはみられない。同様のクールー斑がBSE材料を接種されたカニクイザルの脳でもみられる。

1995～2002年における英国での変異型CJDの累積症例は121例である。調べられたすべての例はプリオン遺伝子コドンがMet/Metである。英国人でのこの遺伝型分布はヒトの37%で，日本人では90%である。

フランスにおける対策

1) 行政組織の機構は大きく，7部門に分かれている。

1. 農業漁業省（中央管理部と獣医局が含まれる）。
2. フランス食品衛生安全庁（AFSSA）：このなかにTSEに関する国立リファレンス研究所(National Reference Laboratory)が含まれる。
3. TSE専門委員会（25委員）
4. 関連局（健康省，産業省）
5. 現場，農家－屠畜場－レンダリング場
6. 公立および私立研究所
7. BSEの経験獣医師（5,000名）

＜運営原則＞

①危機評価と危機管理部門を分離する，②継続的評価と，常に見直しを行う，③情報公開を行う。

＜運営目的＞

①病気の予防，②サーベイランス，③撲滅

フランスにおけるBSE予防行政（表4-19）

表4-19　フランスのBSE予防行政

年月日	内　　容
動物衛生	
1990	全国BSEサーベイランスネットワークを構築
	・BSEは届出（notifiable）感染症となる
	・一般獣医師にも斃死牛の報告を義務付け
	・系統的に衛生立法がなされた

1991　発生牛群全体を淘汰。また，牛群由来牛，同牧場育成牛をすべてを淘汰。

2000　すべての廃棄牛のサーベイランスを実施

2001　24カ月以上のウシについて，屠畜，安楽死，斃死すべてについて検査を行う。

飼　料

1989　英国産の肉骨粉を反芻動物に与えないように指示

1990　肉骨粉をウシに与えることを禁止

1994　肉骨粉をすべての反芻動物に与えることを禁止

1996　廃棄牛，特定危険部位（屠畜場由来）をヒト，動物の食用とすることを禁止

1999　肉骨粉の加工条件を決定（133℃，3気圧，20分間，材料の大きさ5cm以下)。

2000　すべての動物性蛋白を家畜に与えることの禁止。高度危険性の肉骨粉は保管せずに速やかに焼却する。

消費者の保護

1996　屠畜場において特定危険部位を除去する

2000　切迫屠畜牛の食用禁止

2001　解体前の獣医師による診断の強化

・1月1日より，30カ月齢以上のウシで行う。

・7月29日より，24カ月齢以上のウシで行う。

(1996～2001年の間，特定危険部位の数を増やした)

特定危険部位（SRM）リスト

・頭蓋部（脳・眼を含む）：ウシでは12カ月齢以上，ヒツジ，ヤギでは6カ月齢以上

・脊髄：ウシでは12カ月齢以上，ヒツジ，ヤギでは6カ月齢以上

・扁桃：すべてのウシ，ヒツジ，ヤギ

・脾臓：すべてのウシ，ヒツジ，ヤギ

・小腸：すべてのウシ

・胸腺：すべてのウシ

・脊柱：ウシでは食用以前に除去される

国際貿易	
1989	英国からの生牛輸入自粛
1990	英国からの牛肉輸入自粛
1996	英国からの生牛，牛肉の輸入禁止
	スイスからの生牛輸入禁止
1998	ポルトガルからの生牛，牛肉の輸入禁止

フランスにおけるBSE検査対策，方法

大きく，①臨床診断による疫学調査，②高危険度牛の調査，③解体されるウシについての系統的検査に分類される。

1）臨床診断による疫学調査

1990年にBSEは届出感染症となり，全国サーベイランス・ネットワークが構築された。

〈疑わしいウシの定義〉

・生死にかかわらず，2歳齢以上で，神経症状あるいは行動異常を15日以上呈し，他の病気の診断名がつけられないもの。

・屠畜後検査で，中枢神経系にBSEが疑われる2歳齢以上のウシ。

1990年以来，これらのウシは全国ネットワークにコンピュータ化され，記録される。

全国検査ネットワークで陽性と診断されたウシの処理は次のように行う。

・BSEが疑われたウシは移動禁止。

・診断マニュアルにより，解体後，検査を行う。

・診断が確定した場合には，①同一牧場のウシはすべて隔離し，殺処分する。②同一牧場で生まれたり，育成されたウシは隔離し，殺処分される。
・殺処分したウシについては全額を補償する。

2）高危険度牛の調査

2000年6月～2001年3月に，サンプル検査が行われ，24カ月齢以上のウシで廃用あるいは切迫屠畜された5万6千頭のプリオン検査がされた。その結果，74例が陽性（1,000頭中1.34）を示した。

24カ月齢以上の病牛については地域獣医師が公務として監視下におき，2001年7月1日以降，必ずBSEあるいはプリオン病の検査を行うこととした。12カ月の間に25万頭の病牛（必ずしもBSEとは限らない）が検査される予定である。2001年7月1日～9月11日の間に4万検体が検査され，30頭がBSE陽性であった。現在，24カ月齢の病牛についての陽性率は1,000頭中1.1である。

3）解体されるウシについての系統的検査

（屠畜場におけるプリオン検査の流れ）

・24カ月齢以上のウシの健康牛についての検査
・結果が確定するまで，屠体・副産物は留め置かれる。
・疑わしいウシや陽性牛は隔離，場合によっては廃棄する。
・陽性牛はAFSSAにより確定診断される。

フランスではBio Rad社のELISAあるいはプリオニクス社のウェスタン・ブロット法が用いられている。

2001年9月11日現在，66研究所がBSE確定診断を行うことを国で認可され，5研究所が審査中である。

現在，毎週5万～5万5千検体が検査され，解体までに150万頭以上のウシが検査された。そのうち屠畜場では7月24日までに3万5千頭に1頭の割合で検出され，合計39頭が陽性と判定された。すべての陽性牛は1993～97年の間にフランスで生まれたものである。1991～2001年9月11日の11年間に国産牛で397頭がBSEと報告されている。これは24カ月齢以上のウシについては100万頭当り32頭に相当する。

フランスにおけるBSE撲滅対策と今後の計画

撲滅対策

①BSE発症牛群の隔離・殺処分

②発症牛群由来および，同一牧場由来の育成牛の隔離・殺処分

③隔離・殺処分牛に対する全額補償

今後の計画

①早期診断の開発

②最先端技術を用いた検査方法および継続的見直し

③何重もの法規制を用いた防疫対策

④疫学的状況の正確な把握

⑤予防的措置を原則とした危機管理体制

今後の流行予測

英国で，肉骨粉の飼料としての使用禁止が実施された直後，**図4-16**に示したBSE流行の予測が行われた。

ウシ間の水平感染が起こらない場合

予測のなかで最も単純なものは，流行は飼料由来のみで起こっており，1988年7月からの飼料使用禁止が完全に実行され，ウシからウシへの病原体の伝達が全くない場合である。ニューギニアのクールーの発生が，食人習慣を止めた際に急激に減少した過去の例（54頁参照）と同様の結果が期待されるものである。伝達性ミンク脳症でも，汚染飼料の使用を止めた際に急激に発生の減少がみられている。汚

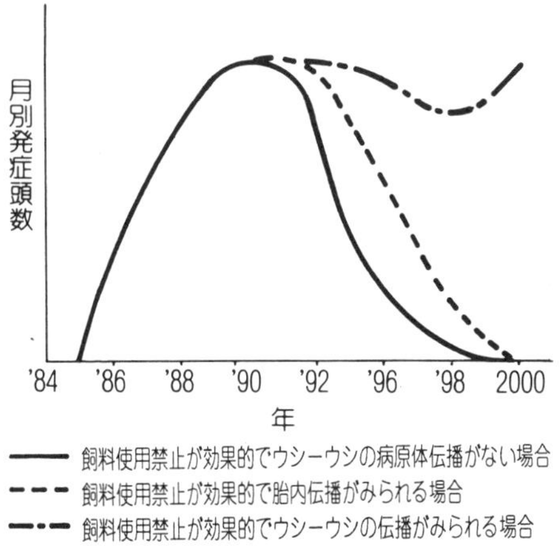

図4-16　BSEの将来の発症頭数についての予測

（Wilesmith JW and Wells GAH : Bovine spongiform encephalopathy. Curr Top Microbiol Immunol 172 : 21-38, 1991 より）

染源がなくなれば新たな感染は起こらなくなる。1988年以前に汚染を受けたウシは3～6年の潜伏期の後に発症し，老化によりその汚染群の頭数が少なくなるため，発症数は減少することになる。この予測では発症数は1992～93年に減少に転ずるはずである。

母ウシの胎内で子ウシへの垂直感染が起こる場合

この場合も飼料が汚損されていなければ，少数の感染母ウシから生まれる子ウシだけが発症するため，母ウシの老化とともに発生数は減少する。さらに，英国では約20%のウシが毎年入れ換わっており，5年間でほぼすべてのウシが置換されている。また，ウシの妊娠期間は280日で子ウシは1頭しか生まれないため，母ウシから胎子への伝達は1年の間に1：1の比率で1回しか起こらない。これらの要因を総合的に考えると1993～94年には減少に転ずるはずである。

ウシ間の水平感染が起こる場合

1988年以前に汚染飼料から感染したウシの間で，病原体の水平感染が起こる場合である。これはヒツジのスクレイピーの場合のように，病原体に汚染した胎盤を食べることや，胎盤が牧草を汚染し，それを食べることにより感染が起こる可能性である。この場合，汚染飼料が除去されていれば，1990年代の前半には発症例の増加はいったん停滞する。しかし，ウシの間での水平感染に対する予防対策が何も実施されないと，遅かれ早かれ発症数は増加に転じ，さらに大規模な流行となると推測される。

これまでの発生状況とその解析

これまでの発生状況は第1の可能性を示している。すなわちBSEの発症は，餌の規制により1992～93年から激減し始めた。しかし，問題になってきた点は，餌の規制が1988年に行われた後で生まれてきた子ウシでのBSEの発生状況（**図4-17**）である。これらは禁止後出産born after ban (BAB) 例と呼ばれている。理論的には，BAB例は起こらないはずなのが，なぜ起きているのかという疑問である。

この疑問については次の2つの可能性が考えられている。①1988年の餌規制での肉骨粉の使用禁止は完全なものではなかったために，反芻動物用には禁止されていたものの，禁止されていなかったブタやニワトリ用の餌が間違って，または意図的にウシの餌に混ぜられてしまった，②水平感染または母子感染である。

1990年には，反芻動物に反芻動物由来の飼料を与えることが禁止されたが，反芻動物の蛋白の検出のための酵素抗体法が確立したのは1996年になってからである。この方法で1996年2月から6月にかけて2,241カ所の餌製造施設を調査した結果，14カ所で反芻動物の蛋白が餌の中から検出された。1996年にすべての家畜への肉骨粉の使用が禁止された後のBAB例は4頭のみになった。それまでのBAB例は5万2千頭余りである。したがって，BAB例のほとんどはブタやニワトリの餌からの感染とみなされている。

水平感染については，これまでの発生状況でこの可能性を示唆する所見はみられていない。仮に起こるとしても流行を維持するようなものにはなり得ないとみなされている。

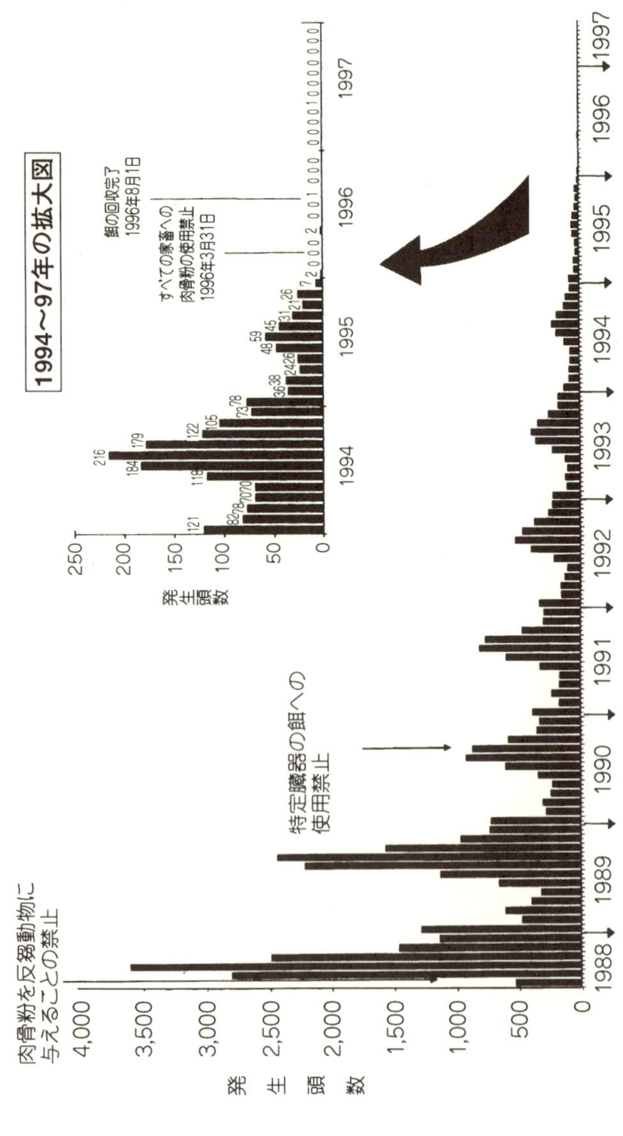

図4-17　1988年7月以降に生まれたウシでのBSE（BAB例）
（各例を生まれた月で集計している，英国農漁食糧省統計）

母子感染については，英国中央獣医学研究所で大規模なケースコントロール実験が行われた。1989年に，BSE発生牧場300カ所から各2頭ずつ，1頭は臨床的に正常な母ウシ由来，1頭はBSE発症母ウシ由来，合計600頭あまりの子ウシを集めて，実験農場で飼育観察を開始した。この実験はコードだけのブラインドテストで行われた。1996年11月にもっとも若いウシが，BSEの平均潜伏期間5年間を上回る7歳齢になったところで，すべてを解剖して，脳の病変について検査を行い，1997年春に成績が出た。母子感染がなければ，600頭すべてが発病はしないはずであるが，実際には1994年9月までに29頭のBSE発症例が見いだされている。この実験は野外の条件で行われているもので，最初，正常と判定された母ウシがその後，BSEを発症した例，また汚染餌が用いられていた例などが見いだされている。

また，1996年7月に予定を繰り上げてコードが開かれ，その結果が8月1日に英国農漁食糧省から発表された。それによるとBSE発症母ウシ由来の子ウシで15%，正常母ウシ由来の子ウシで5%にBSE発症が見いだされ，10%の率で母子感染が起きているとみなされていた。英国農漁食糧省の推測では，母子感染が起こるのは平均5年の潜伏期の最後の時期であることを考慮して，野外での母子感染の率は1%とみなされている。これに対して1%の値はいろいろな条件を設定しての推測値であることから，厳密には1%から10%の間とみなすべきとの意見もある。一方，この10%の感染の状況はブタやニワトリの餌からの交差汚染が起きている状況にも相関している。飼料自体に肉骨粉が含まれており，母子感染の影響は限りなくゼロに近いというのが最近の見解である。

この母子感染実験の成績を含めた疫学解析の結果が，英国オックスフォード大学のアンダーソンAnderson教授らにより1996年8月末の「ネイチャー」に発表された。それによれば，母子感染のみで流行の維持は不可能であり，BSE根絶は可能であると結論している。彼らの数学モデルでは10％の母子感染が潜伏期の後半に起こると仮定して，1996～2001年の6年間に新たに340回の感染が起こり，発症頭数は1万4千頭と推定されている。この推定では2001年での発症例は72頭（ただし95％信頼限界は45頭から1,592頭）となっている。なお，実際の発生数は1,189頭であった。

胎盤からの垂直感染の可能性を調べるために，発症した母親の胎児膜の乳剤を，健康なウシに経鼻と経口で接種し，7年間観察した実験で感染性は見いだされていないことから，胎児膜には高い感染性はないものとみなされている。

受精卵移植による伝達も調べられた。BSE発症牛より得た卵子を健康なウシ由来の精子と体外受精させ，スクレイピー非汚染国であるニュージーランドから輸入したウシに移植したが，生まれてきたウシで発病はみられていない。精子でも感染性は見いだされていない。

日本の農林水産省，厚生労働省の対策

BSE発生前における対策

1996年の農水省および厚生省の対策を**表4-20,-21,-22,-23**に示す。

表4-20　農水省の1996年におけるBSE対策

月日	内容
3.27	「牛海綿状脳症に関連する牛肉加工品等の輸入禁止措置について」（**表4-21**）を通知。
4.16	畜産局流通飼料課　①反芻動物（ウシ，ヒツジ，ヤギなど）の組織を用いた飼料原料（肉，骨粉など）について，反芻動物に給餌しないこと，②当分の間，英国産反芻動物（ウシ，ヒツジ，ヤギなど）を原料とした飼料およびペットフードの輸入を行わないことを通達（「反芻動物の組織を用いた飼料原料の取扱い並びに英国産反芻動物を原料とした飼料及びペットフードの輸入について」）。
4.16	畜産局衛生課　英国からの反芻動物を原料とした物質の動物医薬品などへの使用は禁止を通達（「英国産のウシを原料とした物質の動物用医薬品等への使用禁止措置について」）。
4.22	家畜伝染病予防法改正。伝達性海綿状脳症を伝染性海綿状脳症とし（83頁参照），家畜伝染病予防法第62条の対象疾病として指定するとともに，その対象動物を牛，水牛，めん羊および山羊とする。
4.26	畜産局衛生課　日本の2万7,561頭のヒツジについては，本病がみられないことを報告（「スクレイピーに関する家畜飼養業者立入り調査結果について」）。
4.30	畜産局食肉鶏卵課　①輸入牛（豚）肉については原産国（地）を表示するものとする，②輸入食鶏は，原産国（地）を表示することを通達（「輸入食肉の原産地表示の徹底について」）。
6.10	畜産局衛生課　6月1日に北海道士別市においてサフォーク種ヒツジ雌3歳1頭にスクレイピーがみられたことを報告。

注：「　」は通達または通知を示す。

表4-21　BSEに関連する牛肉加工品などの輸入禁止措置について

（農林水産省，1996）

対　象　国	対　象　物
英国本島(グレートブリテン)	牛肉などを原料とするソーセージ・ハム・ベーコン，加熱処理牛肉・牛臓器，牛精液，ウシ・ヒツジなどから生産される肉骨粉など
北アイルランド	牛肉および牛臓器，牛肉などを原料とするソーセージ・ハム・ベーコン，加熱処理牛肉臓器，ウシ，ヒツジなどから生産される肉骨粉など

表4-22　厚生省の1996年におけるBSE対策

月日	内　　容
3.26	生活衛生局乳肉衛生課　英国産牛肉や臓器などの輸入自主規制を決定し，「狂牛病対策について」を通達。同日に「英国から輸入される牛肉等の取扱いについて」を通達し，英国産の牛肉と牛肉加工品の輸入自主規制を指導。これらは自主規制の形をとっているが，実質的には禁止である。
3.28	薬務局　全国の製薬・化粧品・医療材料および都道府県衛生局長に対し，英国産ウシ由来の医薬品等に関する輸入・利用実態について情報提供を促す（「医薬品等に用いられる英国産ウシ由来物について」）。 〔調査対象製品〕①ウシ臓器およびその一部（牛胆など） ②ウシ臓器抽出物（ウシ肝臓抽出物など） ③ウシ由来コラーゲン，ケラチン ④ウシ由来蛋白質・脂肪（酵素，牛脂など） その結果，英国産ウシ由来物を含有する製品の報告はなかった。
4. 5	保健医療局疾病対策課　最近のCJDの現況について注意を促す（「クロイツフェルト・ヤコブ病について」）。
4.10	薬務局　英国産ウシ由来物を含有する医薬品，医療器具，医薬部外品または化粧品については，当分の間，製造または輸入は行わないこととする（「医薬品等に用いられるウシ由来物の取扱いについて」）。

4.11 食品衛生調査会　今後とも引き続き英国産の牛肉加工品などがわが国に輸入されることのないよう，輸入自粛の指導などの対策を継続することが適当であるとした。

4.12 保健医療局　移植関係者に感染臓器を移植しないよう指導（「臓器移植に伴うCJD感染防止の指導」）。

4.15 特定疾患対策懇談会　新種（変異型）CJDの日本におけるサーベイランスを開始。

4.16 中央薬事審議会常任部会　従来のウシ由来の物質に対し，ヒツジ，ヤギも含めた反芻動物由来物質と対象範囲を一部拡大。これはウシに対しては，ウシ・ヒツジ・ヤギ由来物質も使用禁止とされているため，ヒトも動物と整合性をもたせたためである。その結果，英国産反芻動物由来の物質は，医薬品などの製造原料としては使用できないことになった。

4.22 生活衛生局乳肉衛生課　農水省と同様，伝染性海綿状脳症を検査対象疾病に追加（「と畜場法施行規則の一部改正について」）。その結果，日本においてもBSEに関する継続的なサーベイランスおよび強制的な届出制度が開始された。

5. 2 クロイツフェルト・ヤコブ病などに関する緊急全国調査研究班準備委員会開催。日本におけるこの病気の本格的なサーベイランスを開始。

6. 3 公衆衛生審議会難病対策部会　プリオン病の基礎研究の推進，CJDに関する医療関係者向けのマニュアル作成を決定。

6.10 生活衛生局乳肉衛生課　都道府県衛生局長に対し，ヒツジスクレイピーの新たな発生に関して厳重な検査を行うことを指示。

6.19 中央薬事審議会伝達性海綿状脳症部会開催　この時点で最近のヒト硬膜移植によるCJDの発生が日本でも明らかにされた。

6.28 食品衛生調査会　牛精液，ゼラチン・牛脂の英国からの輸出禁止解除問題について，当面は米国の対応などをみながら慎重に対応することとした。

8. 1 中央薬事審議会伝達性海綿状脳症部会　ヒト硬膜移植によるCJDの問題についての調査報告がまとめられ，ドナー材料についで慎重な検査を勧告。

表4-23 日本での肉骨粉輸入条件強化の推移

実施年月日	対象国	加熱処理条件	BSE発生年	備考
1990. 7.13 (平成2年)	英国	湿熱136℃，30分，(3気圧以上)*	1986年	国内牛に発生
	アイルランド		1989年	国内牛に発生
1991. 4. 2 (平成3年)	スイス	湿熱136℃，30分，(3気圧以上)	1990年	国内牛に発生
9.13	フランス		1991年	国内牛に発生
1992. 9.18 (平成4年)	デンマーク	湿熱136℃，30分，(3気圧以上) (1998年7月1日条件変更 湿熱133℃，20分，3気圧)	1992年 2000年	輸入牛に発生 国内牛に発生
1994. 2.22 (平成6年)	ドイツ	湿熱136℃，30分，(3気圧以上) (1998年7月1日条件変更 湿熱133℃，20分，3気圧)	1992年 2000年	輸入牛に発生 国内牛に発生
1995. 3.27 (平成7年)	イタリア	湿熱136℃，30分，(3気圧以上)	1994年	輸入牛に発生
1996. 3.27 (平成8年)	英国	輸入停止		
1997. 3.24 (平成9年)	オランダ	湿熱133℃，20分，3気圧	1997年	国内牛に発生
12. 2	ベルギー		1997年	国内牛に発生
2001. 1. 1 (平成13年)	EUおよびスイス，リヒテンシュタイン	輸入停止		
6.11	チェコ	輸入停止		
10. 4	全ての国	輸入停止		

注）現行OIE基準は1997年に設定

*湿熱とは飽和水蒸気における温度を示し，この環境においては3気圧以上でないと136℃まで温度が上がらない。

(2001年10月18日 厚生労働省医薬局食品保健部監視安全課資料)

農林水産省資料

(2000年12月12日，厚生労働省）**医薬品・化粧品に関する通達**

①医薬品，医療用品，化粧品に使用されるウシ，シカ，スイギュウ，ヒツジ，ヤギなどの動物に由来する原料についてはBSE発生国および高リスク国からのものは使用しないこと。②医薬品などの原料としてウシ，シカ，スイギュウ，ヒツジ，ヤギなどについては原産国にかかわらずカテゴリー1と2の部位（脳，脊髄，眼，腸，リンパ節，脾臓，硬膜，胎盤，胸腺など）を使用しないこと。そして原料の転換は2001年3月までに終えること。

日本におけるBSEの初発例

農林水産省は，2000年12月よりBSEに関する技術検討会を設置し，BSEサーベイランスの強化と飼料の規制を主な議題とした。サーベイランスの強化として，家畜伝染病予防事業の一環にBSEの全国的サーベイランスが含まれた。これは神経症状を示したウシの脳材料についてBSEの検査をするもので，年間約300検体が見込まれていた。

しかし2001年4月まで十数検体しか集まらなかったため，農林水産省は神経症状を拡大解釈して起立不能も含めることとし，一方，厚生労働省に対して屠畜場のウシのサンプル提供も依頼した。その結果，8月までに290検体が集められた。各県の家畜保健衛生所での検査が行われ，動物衛生研究所で一部検査された。8月6日に千葉県白井市で立ち上がれなくなったウシ（乳牛5歳半）が発見された。

厚生労働省でも中枢神経症状を示すウシを対象としてBSEの監視を2001年5月から実施していたが，起立不能は対象外であった。このウシは敗血症と診断されたことから全廃棄にまわされレンダリング業者に売り渡された。しかし，起立不能の症状があったために頭部は家畜保健衛生所に提供された。

頭部のサンプルは8月15日に動物衛生研究所で検査されたが，陰性（迅速ウェスタン・ブロット法）であった。ところが，8月24日に家畜保健衛生所で病理組織検査を行ったところ，空胞が見いだされた。この病理組織検査と迅速ウェスタン・ブロット法の成績の違いについては延髄閂（かんぬき）部がすべてホルマリン固定されてしまったため，追跡調査の方法がない。

9月10日には動物衛生研究所での免疫組織化学検査法により陽性と判断されたが，9月11日の筆者（小野寺）が座長を務めるBSEに関する技術検討会からの助言という形で，英国の獣医学研究所Veterinary Laboratories AgencyのGerald Wells博士に確定診断を依頼し，病理組織学的検査と免疫組織化学法により陽性と確定診断された。

表4-24にこの間の経過を選択した。

表4-24 日本におけるBSE発生の経過

年月日	内　　容
2001. 8. 6	千葉県で起立不能を呈した乳牛を動物衛生研究所がプリオニクス社の迅速ウェスタン・ブロット法を実施し，陰性と判定。
8.24	千葉県が当該牛を解剖し脳を検査。海綿状の病変を確認。
9. 6	動物衛生研究所が病理組織検査を実施。海綿状の病変を確認。
9.10	動物衛生研究所の免疫組織化学検査の結果，陽性と判断。農林水産省は千葉県でBSEの疑いのあるウシ1頭が見つかったと発表。同一牧場ではホルスタインを49頭飼養。農林水産省は対策本部を設置。 流通各社，外食産業，食品メーカーは自社の仕入れルート確認などの対応に追われた。 韓国が日本からの牛肉や関連加工品の輸入を中止。
9.11	当該牛の脳パラフィンブロックを確定診断のため英国獣医学研究所*に送付。 当該牛は北海道のウシ生産農家（すでに廃業）から導入したものと判明（1996年生まれ，2歳時に販売され千葉へ）。この農家でも肉骨粉は未使用と述べている。
9.12	農林水産省はすべての乳牛（172.6万頭）と肉牛（280.4万頭）について，臨床症状等の調査を開始し，9月30日に終了。異常は発見されず。 独立行政法人肥飼料検査所が，ウシを対象とする飼料を製造するすべての配合飼料工場（142）を立入検査（9.25に終了）。
9.13	日本乳業協会など酪農乳業関係8団体が，日本チェーンストア協会など流通関連6団体に「千葉県産の牛乳は使っていません」との店頭表示をやめるように要請。配合肥料メーカーの日本農産工業は，肉骨粉を豚，鶏用の配合飼料にも使わないことを明らかにした。

*英国中央獣医学研究所が改名したもの

9.14	当該牛は焼却処分されておらず，検査用の頭部以外は茨城県の業者で肉骨粉に処理され，徳島県に出荷されたことが判明。焼却処分へ。
9.18	「飼料の成分規格等に関する省令」の一部改正を行い，肉骨粉等の牛用飼料への使用を禁止。 厚生労働省は月齢30カ月以上の食用に供されるウシの全部を検査する方針を固める。 自民党が「BSE対策本部」を設置。
9.19	農林水産省は厚生労働省の決定を受け，検査ができるようになるまでの間，対象牛の出荷自粛を農家に要請することを決定。これに関連して関係業者等への緊急融資などの対策を決定。 千葉県の酪農家のウシ46頭と北海道の生産農家から出荷されたウシ71頭のうち，生きているウシすべてを買い上げ焼却する方針を固める。香港が日本産牛肉の輸入を禁止。
9.21	英国獣医学研究所によりBSEとの確定診断。農林水産省は中枢神経症状を示すウシは病性鑑定をしたうえですべて焼却するよう通知。
9.23	7道県（40戸）で肉骨粉をウシに給与していたことが確認される。農家への指導を実施。 厚生労働省は食肉処理法の見直しのほか，感染の危険の高いとされる脳，眼球，脊髄の食用禁止を検討することを決定。
9.26	武部 勤農林水産相，肉骨粉の輸入の全面的停止を検討していることを明らかにする。 千葉県は発生農家に残っている同居牛44頭の殺処分を決定。
9.27	今回の千葉で発生したBSE牛の異常プリオン蛋白のウェスタン・ブロットパターンが，欧州で流行したBSE牛と同じく4型であることが動物衛生研究所の検査で判明。 ネイチャーは日本でのBSEの発生について，日本政府の政策的不徹底が，発生を防げなかった原因とする論説を掲載。

9.28 文部科学省の調査で，39都府県の1,038市町村の公立小中学校（回答のあったうち35％）が給食で牛肉の使用を控えていることが判明。
坂口 力厚生労働相は，ウシの解体時に背骨をノコギリで切断する「背割り」をやめるように指導する方針を明らかにする。
9.29 武部 勤農林水産相は肉骨粉の流通を禁止し，すべて焼却処分を検討していると発表。
10. 1 農林水産省は肉骨粉の輸入を一時全面的に中止し，国内産の肉骨粉の製造・販売を当分停止すると発表。
厚生労働省は牛骨などから抽出・濃縮して作るエキスやコラーゲンなどの加工食品ついて，検査体制が整い安全性が確認されるまで，製造を自粛し，製造を継続する場合には，ウシ以外の原料に切り換えるよう食品加工メーカーに指導する方針を決定。農林水産省が配合飼料工場への立ち入り検査結果を発表。肉骨粉は全く検出されなかった（鑑定方法　飼料を粉砕→1mm網で振い分け→比重分離→濾過→アルカリ処理→顕微鏡鑑定)。
10. 2 厚生労働省は，横浜検疫所輸入食品検疫センターで，BSEのスクリーニング検査技術研修会を開始。
農林水産省は，全国約460万頭のウシで行った調査の結果，全頭に異常はみられなかったと発表。
10. 3 厚生労働省は，全頭検査の体制が，10月18日にも整う見通しと発表。
10. 4 千葉県の発生牛の同居牛と，北海道の生産農家に関連するウシの検査結果はすべて陰性と判明。
骨肉粉の製造・販売が停止される。内臓等の処理ができず，食肉処理が滞り始めた。
10. 5 厚生労働省は，牛の特定危険部位を原料とした加工食品の製造自粛と自主回収都道府県を通じてメーカーに指導。
10. 9 農林水産省は，飼料として製造・販売を一時停止している肉

	骨粉などの規制を飼料安全法に基づいて強化する方針を決定。
10.11	農林水産省は，飼料給与調査の最終結果を報告。肉骨粉が混入した飼料を給与していた農家は，24都道府県，217戸。7,973頭のウシに与えられていた。
10.12	BSEの疑いのあるウシが1頭いることが判明。横浜検疫所内で実施された確定診断の結果，陰性と判明。
10.15	「飼料の安全性の確保及び品質の改善に関する法律」改正。
10.16	厚生労働省は10月18日から解体されるウシの全頭検査に向け，確定診断機関を帯広畜産大学1カ所から，横浜検疫所，神戸検疫所，国立感染症研究所の4カ所に拡充すると発表。政府は全国の117カ所の食肉衛生検査所で「陽性」になった場合の公表はウェスタン・ブロット法による確定診断後とすることを決定。また，流通在庫となっている国産枝肉や牛肉は国が買い上げる方向で調整。
10.18	**全国の食肉衛生検査所で屠畜牛の全頭プリオン検査を開始。**

日本におけるBSE発生後に確立された安全対策

千葉県で見いだされたBSE初発例が9月21日にBSEと確定診断された以後の一連の安全対策を**表4-25**に簡単に整理した。

BSE対策は農場におけるウシ間での伝播防止と，屠畜場での食肉安全対策で行われる。

ウシ間の伝播防止は農林水産省による肉骨粉の流通の一時停止により行われた。

食肉の安全対策はまず，9月27日における特定危険部位の除去と30カ月齢以上のウシの出荷中止により行われた。EUでは特定危険部位の除去と30カ月齢以上のウシについて

表4-25　日本におけるBSE発生とその対策

年月日		内　　容
2001年9月	10日	BSEウシ（北海道生まれ，5歳齢）に関する発表
9月	11日	技術検討委員会（ウェスタン・ブロット法と免疫組織化学検査で陽性を確認） 疑似患畜として英国獣医学研究所に検査依頼
9月	21日	BSE確認（免疫組織化学検査）
9月	27日	特定危険部位の除去，30カ月齢以上のウシの出荷中止
9月	29日	肉骨粉の流通の一時停止
10月	2日	食肉検査センター職員に対するエライザ法の研修
10月	18日	全頭検査（屠畜場）開始
11月	21日	BSEウシ（北海道生まれ5歳齢）
11月	31日	BSEウシ（群馬生まれ5歳齢）

の迅速BSE検査を実施している。したがって，この時点で日本ではEU並の安全対策がとられたことになる。

10月18日からは，すべての年齢のウシを対象とした特定危険部位の除去と，迅速BSE検査による，いわゆる全頭検査が一斉に実施された。

特定危険部位の選定は**表4-26**に示すOIEの基準に従って，脳，脊髄，眼，回腸遠位部に決定された。

除去された特定危険部位は800℃以上で焼却される。この温度はダイオキシン対策で要求されているもので，この条件で焼却すれば病原体は確実に不活化される。

迅速BSE検査は3社のキットが市販されている（117頁参照）。**表4-27**はそれらの検出感度，特異性などを中立的試験機関で比較した結果を示したものである。千葉の例ではプリオニクス社のキットが用いられ陰性となった。そこで，

表4-26　国際獣疫事務局（OIE）の基準に基づく危険部位

低発生国	脳，脊髄，眼，回腸遠位部
高発生国	脳，脊髄，眼，扁桃，胸腺* 脾臓*，腸*，背根神経節*，三叉神経節* 頭蓋骨*，脊椎*

低発生国：年間発生率100万頭当り100頭以下
高発生国：年間発生率100万頭当り100頭以上
*ヒツジのスクレイピーで感染性が見いだされた部位

表4-27　迅速BSE検査キットの評価（EC委員会，1999）

		プリオニクス	エンファー	CEA（バイオラッド）
感度*1		300/300	300/300	300/300
特異性*2		1000/1000	997/997	1000/1000
希釈実験*3	未希釈	20/20	20/20	20/20
	10倍	15/20	20/20	20/20
	30倍	0/20	19/20	20/20
	100倍	0/20	0/20	20/20
	300倍	0 /20	0/20	18/20

*1　判定陽性サンプル数/陽性サンプル数（BSEウシ）
*2　判定陰性サンプル数/陰性サンプル数（ニュージーランド産ウシ）
*3　判定陽性サンプル数/陽性サンプル数（$10^{3.1}$ LD_{50}/g）

日本ではもっとも高い検出感度のバイオラッド社のキットが採用された。

BSE検査の流れ

BSE検査は**図4-18**（検査フロー）に示した流れで行われる。迅速BSE検査としてのELISA法は4～5時間で結果が得られ，そこで陰性と判定されたウシは市場に出荷される。陽

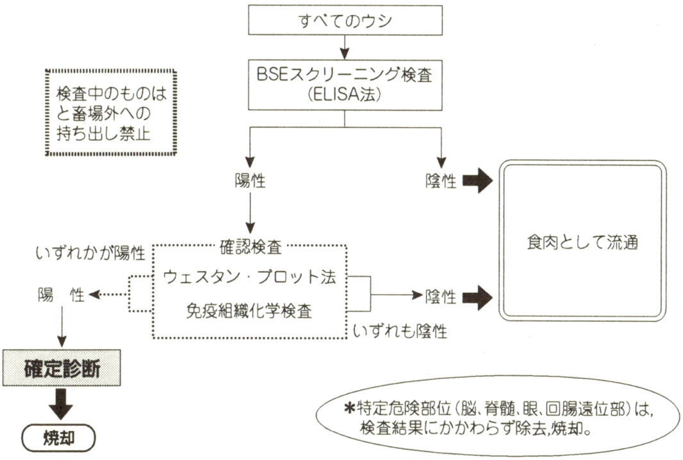

図4-18　屠畜場におけるBSE検査フロー

性となったものは確認検査にまわされ，そこで陰性となったものは市場に出荷される。

この検査が始まって2頭のBSEウシが発見された。千葉の初発例を含めて3頭すべて発病前の潜伏期中のものであった。

4 その他の動物の伝達性海綿状脳症

慢性消耗病以外は，すべてBSE発症後に見いだされたものである。年代別の発症状況は表4-28に示した。

表4-28　1985年以降に報告された自然発生の伝達性海綿状脳症

動　物	疾　病	最初の報告	地　域
ウシ	牛海綿状脳症	1986	英国ほか
ニアラ	海綿状脳症	1987	英国
ゲムスボック*1	海綿状脳症	1988	英国
アラビアオリックス*1	海綿状脳症	1989	英国
クーズー	海綿状脳症	1989	英国
エランド	海綿状脳症	1989	英国
ネコ	猫海綿状脳症	1990	英国
モフロン	スクレイピー	1992	英国
ピューマ*1	猫海綿状脳症	1992	英国
チーター*1	猫海綿状脳症	1992	オーストラリア*2 英国
シロオリックス*1	海綿状脳症	1994	英国
トラ	海綿状脳症	1996	英国

*1　伝達実験は試みられていない

*2　多分輸出前に英国で感染したもの

慢性消耗病（CWD）

1967年に米国コロラド州フォート・コリンズでミュールジカ（mule）の群に海綿状脳症が発生した（**図4-19**）。フォート・コリンズは一面の荒地のなかにある市で，まわりには草，樹木が少ないので，ウシやヒツジの放牧はあまりみられない。その代わりに，アメリカ原産のミュールジカ，アカシカ（elk）を飼っていて，それらの肉や革製品がこの地方の名産品となっている。これらのシカの牧場において海綿状脳症が発生した。

症状はヒツジのスクレイピーによく似た運動失調，過敏

図4-19　ミュールジカ（mule）の慢性消耗病

（Dr. Elizabeth Williams, Universitiy of Wyoming, Laramie, Wyoming, USAより提供）

図4-20 アカシカの慢性消耗病（提供は図4-19と同じ）

症であり，現地のヤングYoungにより慢性消耗病chronic wasting disease（CWD）と命名された。1982年になり，CWDミュールジカの脳乳剤をほかのシカに接種することにより，本病の伝達性が確認された。また，これらのシカの脳を病理組織学的に検索したところ，脳における海綿状脳症の病変とともにアミロイド斑（クールー斑）が観察された。

同様のCWDは近くの牧場で飼われていたアカシカにも観察された（**図4-20**）。このアカシカでも同様に，病理組織学的に海綿状脳症病変とアミロイド斑が観察された。これらのミュールジカおよびアカシカの脳ではスクレイピー関連線維（SAF，41頁参照）も検出されている。病気のシカの脳乳剤脳内接種により健康なシカへの伝達も確認されている。以上の結果から，これらの病気は伝達性海綿状脳症の一種と考えられている。

CWDは現在ではコロラド，ワイオミング，サウスダコタ，ネブラスカ，オクラホマ，モンタナ，テキサスの各州で見いだされ，さらにカナダのサスカチュワン州でも発生している。

英国で株のタイピング，すなわち，マウスの脳内に接種して脳の空胞病変の特徴を調べた結果，BSEやスクレイピーとは別の病原体によるものと結論されている。

ウシへの接種実験も行われているが，BSEのような症状はみられていない。

ヒトへの感染の証拠はないが，米国疾病制圧予防センター（CDC）では，ハンターにシカの脳・脊髄などの危険部位を食べないように注意を呼びかけている。

猫海綿状脳症（FSE）

猫海綿状脳症feline spongiform encephalopathy（FSE）は1990年に初めて報告された。これまでに英国で，88例が見いだされ（2001年6月現在），ノルウェーおよびリヒテンシュタインでも1例ずつ見いだされた。

最初の発症例は1989年12月に，英国エーボンで12歳の去勢した雄シャムネコで見いだされた。ネコは，はじめ居眠りをするように頭をこっくりさせる動作を，動いているときも，すわっているときも行っていた。1990年1月になると足をひきずるような動きをし，次第に後肢の麻痺は進行

表4-29 猫海綿状脳症の臨床症状

	ネコ番号 1	2	3	4	5
運動失調	+	+	+	+	+
行動異常	+	+	+	+	+
知覚過敏	+	+	+	−	+
過剰流涎	−	+	−	+	−
鳴き声の変化	−	+	+	+	+
頭部の傾斜	+	−	+	−	−
筋肉の束状けいれん	−	−	−	+	+
過動症	−	+	+	−	−
広食症	−	−	+	−	−
病気の経過（週）	12	10	8	12	8

していった。ときおり，知覚過敏もみられた。2月には麻痺は回復したが，いつも緊張状態となり，音に対して過剰反応をするようになった。また小脳性運動失調を示すふらふらした歩様を示した。また体に触れるとその部分をなめたりかじったりした。4月頃になるとネコは立てなくなり，失禁状態となったため，獣医師により安楽死させられた。ほかの4例の症状は**表4-29**に示したとおりである。

1995年にはノルウェーのオスロで6歳の雌の短毛種ネコのFSEが報告された。小脳性運動失調と知覚過敏症が主な症状であって，2カ月後には，これらの症状が進行して立ち上がれなくなり食物も食べなくなったので安楽死させられた。

1990年に第1例が報告されたとき，社会的に大きく取り上げられた。これらのネコに与えられていた餌は，粉末の乾燥キャットフードで，ウシの餌に用いられる材料とほぼ同じものであった。おそらくヒツジかウシの内臓が入っているペットフードを介してスクレイピーに感染したものと考えられた。すなわちヒツジやウシといった反芻動物の病気が，餌を介して食肉動物へと種を大きく越えて伝達されたことになる。また，ヒツジかウシは通常農場におり，一般市民との接触がそれほど多いとは考えられないが，ネコの発病は一般市民の家庭でのできごとである。しかも，ネコが食べたペットフードは一般都市のスーパーマーケットではどこでも手に入るものである。したがって，FSEが市民生活に身近なものとして受けとめられて大きな社会的反響が起きたといえる。

1996年5～6月にはオランダで800匹のネコが急性の麻痺の症状を示し，330匹が死亡するという事件が起きた。一部の週刊誌などは「狂猫病」として書きたてたが，これはBSEとは無関係である。1996年8月に出された中間報告では，ニワトリの飼料に添加されているコクシジウム（ニワトリに寄生する原虫の一種）予防用の抗生物質サリノマイシンがキャットフードに誤って混入したために起きた中毒であることが明らかにされている。

病気の特徴

発症したネコの病理学的特徴は神経細胞の空胞化で，ほかの伝達性海綿状脳症およびヒトのCJDと区別できない。脳乳剤からは異常プリオン蛋白が検出されている。また発症したネコの脳乳剤のマウスへの脳内接種で，海綿状脳症の伝達が示されている。

FSEと同様の症状として，白血病，伝染性腹膜炎，猫免疫不全ウイルス感染症，トキソプラズマ病などの感染症，または外傷，チアミン（ビタミンの一種）欠乏症，中毒，代謝異常でも運動失調のみられることがあるので，前述の5例にみられたFSE独特の症状を参考にして，鑑別することが必要である。

チータとピューマでの発生

1983年から1996年にかけて英国の動物園で2頭のチータと3頭のピューマ，2頭のオセロット，1頭のトラに海綿状脳症が見いだされた。さらに英国からオーストラリアへ輸出された2頭のチータでも海綿状脳症が見いだされた。これらはいずれもBSE病原体に汚染された肉による経口感染と考えられる。

ピューマの例は詳細に報告されている。英国北部の動物園に飼われていた雌のピューマで，10カ月齢で親から離され，ウシ，ウサギ，ニワトリの内臓や肉を餌として与えられていた。1991年春より腰がふらふらするようになり，体のバランスがとれなくなった。細かなけいれんが眼のまわりに現われ，過敏症を示すようになった。またBSEのウシでみられるように，足を高く上げて歩くようになったが，ジャンプはできなかった。このとき，体に触れると筋肉の束状けいれんがみられるようになった。この症状はFSEのネコと同様である。このようなピューマは来園者にみせることができず，発病6週間後に安楽死させられた。

病理組織学的にはBSEやスクレイピーと全く同様の神経

細胞の空胞変性，海綿状脳症が観察された。

このピューマの病気の原因もおそらくBSE病原体で汚染されたウシの内臓に由来すると考えられる。しかし，このような肉食動物は，常に活動的で，皮膚に傷口が多いため，傷口からの感染の可能性も推測されている。

なお，かつて英国ブリストル動物園のシロトラwhite tiger 4頭でもFSEと同様の症状が発生し，病理学的にも脳に海綿状病変とグリア細胞の増殖がみられたことがある。しかし，このトラ脳乳剤をマウス，リスザル，ミドリザル，モルモット，ネコに接種したが病気の伝達がみられなかったことから，このシロトラの病気は伝達性海綿状脳症とは別の病気とみなされている。

反芻動物の伝達性海綿状脳症

1986年に，英国ロンドン動物園でウシ科に属するニアラnyala (*Tragelaphus angasii*) とクーズーgreater kudu (*Tragelaphus strepsiceros*) で海綿状脳症が見いだされた。ニアラの脳の病理組織像はヒツジのスクレイピーと全く同じであった。クーズーの場合は19カ月齢で海綿状脳症になった例も報告され，BSEの場合よりずっと急激である。英国でBSEが増加するのとときを同じくして，英国のほかの動物園でアフリカ原産のウシ科動物であるニアラ，ゲムスボックgemsbok (*Oryx gazella*)，アラビア・オリックスArabian oryx (*Oryx leucoryx*)，クーズー，エランドeland (*Taurotragus oryx*)，三日月角オリックスscimitar horned oryx (*Oryx dammah*)（日本ではシロオリックスとも呼ばれている）にも海綿状脳症が見いだされた。ほかに，農場に飼われている小型の反芻動物のモフロンmouflon（*Ovis musimon*）にもスクレイピー様疾患の流行が観察された。

これらの反芻動物の発症年齢は，一般には30～38カ月で，BSEの60～82カ月齢に比べて明らかに若い。発症後の経過も急激で，ときには数日で死に至る。発症したニアラとクーズーを殺処分後，その脳乳剤をマウスに脳内接種したところ，病気が伝達された。これらのアフリカ由来の動物は，動物園で反芻動物の内臓や骨粉を与えられていたために，BSEと同じ原因で発病したと考えられた。しかしクーズーのある例では，内臓や骨粉を与えられなくとも発病している。したがってこの場合は，スクレイピーのヒツジにみられるように水平伝播で病原体が伝達されたものと推測される。

クーズーのプリオン蛋白のアミノ酸配列は，ウシのそれと4個異なっている。またアラビアオリックスのプリオン蛋白のアミノ酸配列はヒツジのそれと1個異なるのみである。したがって，これらの動物とウシ，ヒツジの間に“種の壁”はほとんど存在しないと考えられる。

5

牛海綿状脳症と現代社会

1 牛海綿状脳症(BSE)発生の背景

BSEはスクレイピー病原体に汚染された肉骨粉をウシに餌として与えたことが原因とされている。そして，さらにBSEに感染したウシから作られた肉骨粉で広がったと推定されている。この背景について述べてみることにしたい。

肉骨粉はウシ，ヒツジ，ブタなどを解体後，食肉の部分を除いたくず肉を煮て脂肪を除去し，粉末にしたものである。この操作をレンダリングと呼んでいる。

動物の死体から脂肪を抽出し，ろうそくや石鹸など多目的に利用することは百年以上前から行われていた。獣脂を採取した後に残った，いわゆる脂かすは捨てられていたが，これの栄養面が注目されて，動物の飼料に添加されるようになったのは1920年代であり，たぶん，この頃からレンダリングが普及しはじめたものと思われる。

最初にBSEが報告された1986年の2年後の1988年に，ヨーロッパ・レンダリング協会はEC（現EU）諸国でのレンダリングの状況をまとめた。**表5-1**に示すようにもっとも多いのはフランス，ついでドイツであり，英国は3番目に多い。

EC全体では900万トン以上の原材料から250万トンの蛋白飼料と100万トンの脂肪製品を生産しており，かなり大量の

表5-1　1988年におけるレンダリング工業の状況

	レンダリング対象くず肉	肉骨粉	脂肪製品
フランス	1,895	500	240
ドイツ(西)	1,640	470	220
英国	1,460	400	170
イタリア	1,275	355	160
オランダ	750	165	70
デンマーク	565	155	60
スペイン	550	160	60
ベルギー・ルクセンブルグ	365	150	70
アイルランド	270	70	30
ギリシャ	150	5	1
ポルトガル	110	30	13
EC(12カ国)	9,030	2,460	1,094

単位：1,000トン　　　　(ヨーロッパ・レンダリング協会調査)

生産規模であったことがわかる。

動物蛋白のリサイクルは**図4-15**（127頁）に示したように，畜産の経済効率を高める重要な手段になっていたのである。

レンダリングの方法は，1980年代の初めまでは，バッチ法と溶媒抽出を組合わせた方式であった。これは，くず肉を蒸気加熱容器のなかで平均155分間加熱するもので，最高到達温度は100～150℃になる。この後，脂肪を濾過し，圧縮し粉砕すると肉骨粉ができあがる。肉骨粉はさらに溶媒抽出操作にかけられ，ここで，有機溶媒を肉骨粉に加え105～120℃で45～60分間加熱し，脂肪を除く。最後に蒸気加熱を15～30分間行って残った溶媒を除去する。

1980年代から，レンダリングの方法が大幅に変わった。すなわち，バッチ法が連続処理法に変わり，さらに溶媒抽出操作が用いられなくなった。連続処理法にはいくつかの方法があるが，主なものは3種類である。その際の加熱条件は，133～145℃で60分間通過させるもの，100～145℃で60分間通過させるもの，104～123℃で15分間加熱が行われるものである。温度は高いものの実際に最高温度で加熱されている時間はそれほど長くはなくなった。

このような変化が起きた背景としてオイルショックで有機溶媒の価格が上昇したこと，連続処理法の方が味，品質ともにすぐれていて，しかも脂肪含量の高いものが好まれる傾向があったことがあげられている。さらに飼料添加用蛋白として，大豆などとの価格競争もこれに加わり，コストダウンが必要だったのである。また，有機溶媒が霧状になり火災の原因になったり，床がすべりやすくなって職業災害の原因になったこともかかわっている。

バッチ法と連続処理法を比べると，連続処理になって加熱温度，時間ともに減少したためにスクレイピー病原体の不活化が不十分になった可能性がある。しかし，次に述べる状況証拠からは，溶媒抽出操作の方がスクレイピー病原体の不活化に役立っていたことが推測されている。それはスコットランドでのレンダリング方式とBSE発症の関連である。英国で有機溶媒抽出を続けていたレンダリング工場は，スコットランドにだけあり，少なくとも1988年には，スコットランドで用いられていた肉骨粉はこれらの工場で作られていた。スコットランドでBSEの発生が少ないのは，このためと推定されている。

これらの事実を総合的に考えた結果，英国でBSEが大発生した背景として，以下のような推定がなされている。

1970年代終わりから1980年代初めにかけて，レンダリングの方法のうち，有機溶媒抽出がほとんどの工場で急に中止されたことと，ちょうどその頃，英国でのヒツジの飼育数が増え，それとともにスクレイピーの発生も増えたことである。ヒツジからウシに感染したスクレイピー病原体は，さらにウシから作った肉骨粉のスクレイピー汚染を引き起こし，ウシの間での流行を促進したと推定されている。

米国でもレンダリングは行われている。しかし，BSEはまったく発生していない。1991年に発表された米国農務省の分析によれば，

①ヒツジの数が，英国は米国の4倍と多い。しかも英国の国土はオレゴン州くらいしかない。

②肉生産でのヒツジの割合は英国が28％，米国が1.5％と英国ではヒツジへの依存度が極めて高い。

③スクレイピーの対策は英国では全くなく，米国では根絶計画が進行中である。

④配合飼料への添加蛋白は英国は肉骨粉が主体で，米国では大豆や綿の種が主体である。

⑤離乳期に子ウシに与える人工乳（スターター）に英国は肉骨粉を添加しているが，米国では植物蛋白のみを添加している。

以上のいくつかの要因があいまって，米国でBSEが起こらなかったと推定している。とくにこの分析結果で強調されているのは，人工乳への肉骨粉の使用で，これが乳牛に

病気を発生させた大きな原因のひとつと推定されている。

子ウシが人工乳で育てられているということは筆者（山内）も今回始めて知ったことだが，日本の乳牛では普通8日齢くらいから42日齢まで与えられているという。筆者が直接，英国農漁食糧省の担当官に尋ねたところ，英国では乳牛には3～4日齢から人工乳を与え3～4週齢まで続けているとのことであった（なお，2001年の英国政府の委員会の資料によれば12週齢までとなっている）。人工乳中の蛋白含量は約16％で，大半は肉骨粉である。BSEの発生が乳牛に多く，肉牛には少ないこと，乳牛の発症年齢から推定して生後間もなく感染しているとみなされることなど，人工乳が重要な感染源になったことは確かなようであるとの回答であった。

なお，乳牛の子ウシには早期離乳のために人工乳と一緒に代用乳も与えられる。これは脱脂粉乳を溶いたものに動物性脂肪を加えたものである。動物性脂肪にBSE感染性は見いだされないが，ウシのほかの組織の混入をさけるために国際獣疫事務局（OIE）の国際動物衛生規約では不純物は0.15％以下と定められている。

ヨーロッパおよびアジアにおけるBSE問題

1989年に，英国はBSEは将来撲滅されるとの楽観的見解をもっていた。しかし，その年に開催した国際会議で，将来BSE問題が世界中に拡大した際の対策が立てられることとなった。米国の代表Laura Manuelidisは，BSEが発生した牧場のウシすべての淘汰を主張した。しかしながら，英

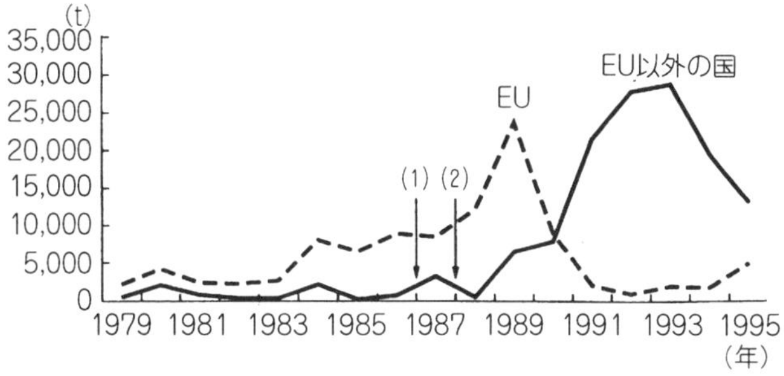

図5-1　英国からの肉骨粉・臓物などの輸出(1979〜95年)
(1)　BSE発生の確認(1986年11月)
(2)　肉骨粉の使用禁止(ウシ,ヒツジなど反芻動物,1988年7月)
(英国関税・物品税庁資料に基づく)

国政府は牧場主の負担が多大であることを理由に，この意見を退けた。この後，BSEが英国以外に拡大したと考えられる。現在，英国で約18万頭のBSE牛が報告されているが，英国のウシは約3歳で解体されるので，感染後無症状のまま解体され，食物連鎖に入り込んだウシは約70万頭と推測される。

さらに英国では1990〜95年の間に，大量の牛肉および200万頭の子ウシを国外に輸出したと考えられる。しかし，当時これらの牛肉および子ウシの追跡調査は行われなかった。

1988〜92年の間に，英国で禁止された肉骨粉はEU諸国に輸出された。さらに，その後1992〜96年の間，毎年8万トンもの肉骨粉がEU以外の国に輸出された（**図5-1**，**表5-2**）。

1988〜96年の間，英国は320万頭の生きたウシを36カ国

表 5 - 2(1) 英国の肉骨粉の輸出データ

	1988	1989	1990	1991	1992	1993	1994	1995	1996
オーストリア						12	1		24
ベルギー	274	1,605	1,131	740	13	1	42	24	309
カナダ						30	22	31	42
キプロス						230	0	6	
デンマーク		60	34	248	180				
フィンランド					21	10	29		23
フランス	7,222	15,674	1,148	20	94		156	802	455
ドイツ	559	578	14	5	5	5	0	23	0
ギリシャ							101	148	
アイスランド				48	133	246	30	498	367
アイルランド	2,555	900	234	485	232	279	356	400	1,745
イスラエル	92	2,718	3,677	9,816	7,265	4,008	1,486	945	447
イタリア	38	89	130	128	139	1,785	456	883	566
ヨルダン					50	231	212	107	
ケニア		342	100				1		381
レバノン	60	80			175	99			
マルタ	299	220	267	182	119	58	40	43	23
オランダ	1,826	6,099	7,380	1,089	814	156	1,223	3,445	2,130
ノルウェー				11	37	144	5	3	7
ポーランド							55	122	
ポルトガル	80			6					44
ロシア								453	2,646
サウジアラビア	5	3,462	357					80	
スペイン					18		10	36	202
スウェーデン	76		652	6		64	6		
スイス			0					218	0
トルコ				380			6		

H.M. Customs and Excise data（英国関税データ）による

表5-2(2)　英国の肉骨粉の輸出データ（アジア地域）

	1988	1989	1990	1991	1992	1993	1994	1995	1996
バングラデシュ								1	
ブルネイ							20		
ミャンマー								15	
中国								108	237
香港							237	3	
インドネシア				2,020	14,047	20,339	14,573	8,508	6,904
日本			132	62	43	31	64	0	1
マレーシア			19				20	0	
パキスタン								43	
フィリピン					145	105	733	482	553
シンガポール				801					687
韓国			1	220	1,010	103		20	
スリランカ	121	20		693	1,242	1,417			
台湾		200	1,143	2,023	280	87		42	823
タイ			1,574	6,239	4,408	2,157	1,688	1,184	1,309

H.M. Customs and Excise data（英国関税データ）による

に輸出した。その結果，カナダ，オマーン，フォークランドでは輸入牛にBSEが発生した。また欧州大陸の各国も総計数百万頭の生きたウシをそれ以外の地域に輸出した。英国や欧州で禁止された食品，肉骨粉が第三世界に輸出された問題は国連で大きく取り上げられている。2000年1月までに欧州各国は自身のBSE汚染が疑われる自国産肉骨粉を海外に輸出していた。

英国以外の国々でBSEが**表4-6**（109頁）のように広がって

いるが，これらは主に英国から輸出された肉骨粉による感染の結果と考えられている。

国連・世界食糧機関（FAO）の勧告

FAOは，2000年12月に西ヨーロッパ以外の国に対しても，BSEに対して十分な対策を立てるように勧告した。

勧告の前文は次のように述べている。

「現在，欧州連合（EU）の中の13カ国でBSEが発生し，数カ国は昨年まで発生がみられなかった国で，重大な事態である。また，変異型CJDも感染・伝達様式についてさらなる研究が必要である。この病原体について多くの点が不明であり，感染初期における診断・治療がヒト・動物両方で知られていない」。

次に現状分析では，「1980年代から欧州（特に英国）より，ウシの肉骨粉 meat and bone meat (MBM) を輸入した国ではBSEの危険がある。特に欧州以外の数カ国が大量に輸入している。したがって，欧州以外の国において緊急にBSE発生の危険度評価risk assessment を行い，動物飼料・食肉産業を規制すべきである。また，屠畜・解体したウシについて十分な検査を行い，ウシ臓器・副産物の処理法を改善すべきである」としている。

EU（欧州連合），およびEUから肉骨粉を輸入した国においては，HACCP（hazard analysis and critical control point system）を実行し，問題点を明らかにし，食物連鎖における改善を促している。食物連鎖における点検には，動物用飼料・生鮮食品の処理，動物用飼料間（たとえば，ウシとブタの間）における混入の可能性，食品・飼料の輸入方法，輸入動物の検査方法，動物の屠畜・解体法，レンダリング（化製）産業の立入調査，臓器・廃棄物の処理法などを含む。

勧告の内容は以下のようである。

1. 英国において厳格な規制が行われているが，EU全体において同じ内容が実施されるべきである。
2. EU以外の国においても家畜衛生のために十分な対策を行い，肉および肉加工物の安全性を保証すべきである。そのためには産業に対する立法化，有効な徹底した法が必要である。
3. その実施のために新たな行政部門，政府職員の訓練や協力が必要である。

FAOは各国に対して万全を期した対策を求め，緊急対策として，次のことをあげている。

1. 過去に汚染国から肉骨粉を輸入した国は，反芻動物を含めたすべての動物に与えることの禁止
2. 屠畜・解体方法，内臓・副産物の処理法の改善
3. レンダリング産業については立入検査を行い，global standardの実施

FAOはWHO（世界保健機関）およびOIE（国際獣疫事務局）とともに意見の調整を行い，世界各国ごとに個別に勧告を行おうとしている。特に発展途上国におけるBSE，変異型CJDの発生の恐れを指摘し，それによる貿易問題，その反作用を避けようとしている。

2 マスコミと法律に無視された学術名

いうまでもなく牛海綿状脳症BSEが正式名称であって狂牛病は俗称である。英国の農民がつけたmad cow diseaseが日本語に訳されたこの俗称が日本では研究社会も含めてすっかり行き渡ってしまった。その背景にはたぶん，狂犬病の名前に慣れ親しんでいたことと，狂牛病の名前が醸し出す不気味さなどがかかわっているものと思われるが，直接の原因はマスコミがこの名前を好んだことにある。

BSEにかかったウシでは，初期には行動異常と運動失調が特徴的である。末期になると，攻撃的になり，興奮状態になる。運動失調も進み，転びやすくなり，起立不能になる。mad cow disease の名前はこのような末期症状から付けられたものである。

ところで，「狂」とは精神状態についての表現であるが，上述の症状は神経細胞内に空胞がたまり，神経細胞が破壊された結果，現われた神経症状である。医学的に狂っているという証拠はどこにもなく，また，ウシの場合に狂っているかどうか調べることも不可能なはずである。

英国の研究者にたずねたところ，英語のmadには狂っているという意味も確かにあるが，一般にはcrazyとか荒々しいといった意味で，本当に狂っている場合にはinsaneの方が妥当であるという意見であった。mad cow disease は自分達が愛情をこめて育てたウシが病気になって，当惑している農民の気持が反映している言葉とみなすべきであろう。日本語で狂牛病というような強いニュアンスのものではない。よほどこの言葉がマスコミには受けたようで，その後，狂猫病の名前が登場し，またスクレイピーは狂羊病になるのかという質問まで筆者のところにきたことがある。

日本では，人間に関しては世界に例をみないほど差別用語に神経質である。同じプリオン病であるCJDに同様の俗称をつけたら大変なことになるのは間違いない。家畜は問題外なのであろう。しかし，狂犬病という明治時代に付けられた名前を除いて，このような差別用語的な病名は動物の病気でもほかにはみあたらない。

英国のBBC放送はBSEと呼び，mad cow disease とは呼んでいない。新聞も，タブロイド版など大衆紙はmad cow disease の言葉を使っているが，しっかりした新聞はすべてBSEとなっている。国際的な会議や学会でもすべてBSEである。世界各国の政府機関，WHOなど国際機関もすべてBSEの言葉しか使っていない。俗称と正式名称ははっきり使い分けられているのである。

このマスコミ主導の名前が日本では学会や行政機関までが用い始めている。国際的に評価の高い科学雑誌「ネイチャー」は見出しに和訳をつけているが，英語のBSEを狂牛病と訳している。本名の方が日本全体で忘れられ始めていることは間違いない。

一方，伝染性海綿状脳症という新しい言葉が農水省の家畜伝染病予防法のなかに登場した。学術名は伝達性海綿状脳症である。1996年5月のWHOの勧告で，伝達性海綿状脳症transmissible spongiform encephalopathy の監視体制の確立が勧告されたことに応じて急拠改正された家畜伝染病予防法のなかに加えられたものである。伝染病予防法の中に伝達性という新しい概念を入れることに法律専門家の方から異議が出たために取られた方便である。

伝達性の意味は，実験動物に実験的に伝達できることを示す。伝染性の意味ではない。スクレイピーやBSEと同じ伝達性海綿状脳症であるCJDも，行政の言葉では伝染性のものになるのであろうか。

牛海綿状脳症は社会にいろいろな面で混乱を引き起こしたが，用語の面でこのような混乱を引き起こしているのは日本だけであろう。

以上は初版の文章であるが，日本でBSE発生後，狂牛病の名称がもたらす悪いイメージが認識され，牛海綿状脳症(BSE)が狂牛病と併記されるようになった。また，2002年6月には家畜伝染病予防法を改正して，「伝染性海綿状脳症」は「伝達性海綿状脳症」に改められることが決定された。

3 BSEと危機管理

エボラ出血熱，ハンタウイルス肺症候群，馬モービリウイルス（現在はヘンドラウイルスに改名）など，突然出現したり，再出現して社会的に大きなインパクトを与える感染症は「エマージング感染症」と呼ばれ，その危機管理は国際的に重要な課題となっている。

BSEは，まさにエマージング感染症の典型的な性格を備えている。BSEが最初に確認されたのは1986年11月である。1987年末までに約130例が見いだされた後，急激に発生は増加を続け，あっという間に英国全土に広がった。1992年には週1,000例以上の発生にまで拡大した。このまったく予期しない非常事態に対する英国の研究社会の対応を，エマージング感染症の危機管理の面から眺めてみることにしたい。

英国はスクレイピーが最初に見いだされた国であり，また最も高い発生がみられる国である。そのためにスクレイピーの研究では，第１章で述べたように先導的役割を果たし，膨大な研究蓄積をもっている。1986年の時点でBSEの病変がスクレイピーに類似していることが見いだされ，大掛かりな疫学調査が1987年６月に開始されてまもなく，肉骨粉のスクレイピー汚染が原因と推定された。そこで1988

図5-2　ボストック

IAH分子生物学部長（現 所長）

（1996年６月，山内撮影）

年７月の反芻動物の餌の規制をはじめ，一連の行政対策がうちだされた（133頁参照）。これらの多くはスクレイピーでの研究をモデルとして立てられてきたものである。

BSEの原因解明，制圧などのための研究態勢はBiotechnology and Biological Sciences Research Council（BBSRC），Institute for Animal Health（IAH）とCentral Veterinary Laboratory（CVL；現Veterinary Laboratories Agency：VLA）を中心に作られた。BSE研究の95％は，この両研究所が受けもってきたとみなされている。残りの５％が大学などでの基礎研究である。

図5-3　ワイルスミスWilesmith(左)と
ウエルズWells(中央)（1996年6月，山内撮影）

IAHのエディンバラにある神経病理ユニットは，スクレイピー研究では最も長い歴史をもっているところである。このユニットはコンプトンにあるIAH本部の分子生物学部のボストックBostock部長(**図5-2**)が統括している。BBSRCは，かつてはAgricultural and Food Research Coucil (AFRC) と呼ばれていたものが，2年前に農学のみでなく生命科学の幅広い領域に対応するためにBBSRCに名称が変えられたものである。VLAは農漁食糧省の関連組織であり，家畜の病気の診断や対策面を受けもってきた。その活動のなかで，BSEの最初の報告が神経病理部長のウエルズ博士により行われた。以後の疫学調査はワイルスミス疫学部長のもとで行われた（**図5-3**）。VLAはBSEのOIEレファレンス・センターも兼ねていて，センター長はウエルズ博士が務めている。概観すると，IAHが基礎的な面の研究，VLAが野外のBSEについての研究・調査という役割分担になる。

IAHではスクレイピーの研究の成果を生かして，マウスのバイオアッセイを中心とした研究が進められ，BSE病原体の体内分布，レンダリングの病原体不活化効果，さらにBSE病原体のマウスでのタイピングなど一連の成果につながった。また，プリオン遺伝子に関する基礎的研究体制がコンプトンのIAH本部で強化されてきている。

VLAは野外のBSE対策の中心として診断，疫学調査など現実的な対策の中心となり，一方で，ウシでの伝播様式，とくに母子感染について研究を行ってきた。

BSEの動物実験はスクレイピーと同様に極めて長い潜伏期のために，周到な研究計画が必要である。病原体の体内分布などをマウスの脳内接種で調べるのに2年近くの期間が必要である。ウシでの自然発症の研究では5年以上の潜伏期を考えなければいけない。第3章で述べた600頭あまりの子ウシを用いた大規模な母子感染の実験は，1989年にVLAで開始された。その実験計画はヒツジのスクレイピーでかつて行われたものに準じている。さらにウシでの発病機構の基礎研究として，病原体の動態を調べる研究が進められているが，ここではマウスよりもはるかに感度の高いウシでの感染価が測定されている。ウシがマウスの代りに用いられているのである。

1989年に筆者（山内）はボストック博士から，上述の大規模な実験計画を説明されたことがある。研究者にとって魅力のない地道で，しかも多額の予算を必要とする実験計画は，その当時の感覚では，必要性を十分には理解しきれなかった。しかし，これらの実験成績が現在，国際的なBSE対策の基礎になっているのである。

これらの研究はスクレイピーの研究の長い経験に基づいて立案されたものであり，また英国的な堅実な研究の進め方を反映したものといえよう。ほかの国でBSEが起きた場合，これだけの対応が果たしてできたかどうか疑問である。

英国はBSEでは経済的に非常に大きな損害を被った。しかし，研究社会を眺めてみた場合，BSE発生の結果として，スクレイピーを中心としたプリオン病またはプリオンに関する研究の面では国際的に最も進んだ地位を確保したといえる。プリオン病の研究はヒトのCJDなど神経難病にかかわる重要な課題である。さらに基礎的な面では，アルツハイマー病などの発病機構の理解にもつながることが期待される。遺伝子，蛋白レベルから自然発症の動物モデルにわたる総合的な研究体制を確立した英国の研究社会が，今後どのように対応していくのか注目されるところである。

☞ 資　料

ウシ由来物を用いた医薬品等に関する調査結果概要

平成８年４月15日現在
厚生省薬務局審査課長
同局医療機器開発課長

1　英国産ウシ由来物を含有する製品

報告なし。

注）1件報告があったが販売実績はない：牛脂肪酸ナトリウムを含有する化粧品（石けん）の輸入を計画していたが，取り止める旨連絡を受けている（平成８年３月18日に製品届けを提出し，準備中であったもの）。

2　外国産ウシ（英国産以外）由来物を含有する製品

別添のとおり。

注）今回の調査では，次のものは調査対象としていない。

○日本産ウシ由来物
○人体に直接使用されない製品（体外診断用医薬品等）
○十分に精製された以下のような化学物質
・アミノ酸
・脂肪酸及びその誘導体
・グリセリン
○カプセル剤やパップ剤の基剤用途のゼラチン

医薬品

由来物の種類	内注外	由来臓器	報告会社数	用途
アキョウ	内	骨，皮膚	2	漢方製剤の配合成分
アプロチニン	注，外	肺，耳下腺	3	急性循環不全等
インスリン	注	膵臓	2	糖尿病等
カゼイン，乳蛋白加水分解物等	内	乳	3	栄養剤
肝臓エキス等	内	肝臓	12	肝臓用剤
キモトリプシン，トリプシン	内，外	膵臓	2	炎症緩解用酵素
牛胆，胆汁エキス末，コール酸等	内	胆嚢，胆汁	90	利胆剤
グルカゴン	注	膵臓	2	分泌機能検査等（膵臓ホルモン）
睾丸乾燥末	内	睾丸	1	滋養強壮剤
ゴオウ	内	胆石	112	動物生薬（六神丸などに配合）
コンドロイチン硫酸ナトリウム	内，注	肩甲骨，軟骨	17	関節痛等
心臓エキス	内	心臓	10	滋養強壮
ステロイド等	注，外	胆汁	3	ステロイド剤
ゼラチン，ゼラチン加水分解物	内	骨	2	栄養剤
胎盤エキス	外	胎盤	3	皮膚炎・肌あれ等
唾液腺ホルモン	内	唾液腺	1	初期老人性白内障等
チトクロームC	注	心臓	2	脳梗塞等
デオキシリボヌクレアーゼ	外	膵臓	1	壊死組織の除去等
トロンビン	外	血液	1	局所用止血剤
トロンボプラスチン	注	肺	1	局所用止血剤
ヒアルロニダーゼ	注	睾丸	1	局所用止血剤
副腎エキス	外	副腎	8	浸潤麻酔の増強等
プラスミン	外	血液	1	関節の疼痛・腫張の緩解
プロトポルフィリン	内	血液	6	繊維素溶液酵素
プロトロンビン	外	血液	1	肝臓用剤
ヘパリン類	注，外	肺，腸粘膜	19	血栓塞栓症，血栓性静脈炎（痔核を含む）
幼牛血液抽出物，ウシ血液抽出物	注	血液	4	脳梗塞等

原産国
・米国，カナダ ・アルゼンチン，ウルグアイ，エクアドル，コロンビア，ブラジル，メキシコ ・イタリア，オーストリア，オランダ，スイス，スウェーデン，スペイン，デンマーク，ドイツ，ノルウェー，フィンランド，フランス，ベルギー ・ケニア，南アフリカ ・オーストラリア，ニュージーランド ・インド，タイ，中国

医薬部外品関係

由来物の種類	由来臓器	報告会社数
エラスチン	靱帯	9
カゼイン	乳	3
血液除蛋白抽出物	血液	6
コラーゲン類	皮膚，骨	37
ゼラチン	皮膚	1
胎盤エキス	胎盤	28
脳脂質	脳	6
ヘパリン類	軟骨	1
脾臓エキス	脾臓	2
プロテオグリカン可溶物	結合組織	1

原産国
・米国 ・ドイツ，フランス，オーストリア，スカンジナビア，イタリア ・オーストラリア，ニュージーランド ・インド

化粧品関係

由来物の種類	由来臓器	報告会社数
エラスチン	靱帯	50
カゼイン	乳	3
牛脂	脂肪	9
胸腺抽出エキス	胸腺	4
血清アルブミン	血液	8
ケラチン	皮膚，骨	2
ゴオウ	胆石	1
骨髄油	骨髄	1
結合組織抽出物(プロテオデルミン)	結合組織	5
血液除蛋白抽出物	血液	13
コラーゲン類	皮膚，骨	160
コンドロイチン硫酸ナトリウム	軟骨	1
ゼラチン	皮膚	3
胎盤エキス	胎盤	67
脳脂質	脳	25
脾臓エキス	脾臓	12
ペンタグリカン	眼	1
ムコ多糖体	胃	7
ラクトフェリン	乳	2

原産国

・米国，カナダ
・ブラジル，アルゼンチン
・デンマーク，ドイツ，フランス，スイス，イタリア，オーストリア，スカンジナビア，オランダ
・オーストラリア，ニュージーランド
・インド，台湾，タイ

医療用具関係

由来物の種類	由来臓器	報告会社数
コラーゲン	腸，皮膚，腱	18
ゼラチン	骨	1
心嚢膜	心嚢	3
ヘパリン誘導体	腸	1

原産国

・米国
・ドイツ，フランス，オーストリア，スカンジナビア，イタリア
・オーストラリア，ニュージーランド
・インド

医療用具由来物製品と用途

由来物	製 品	用 途
コラーゲン	吸収性縫合糸	人体組織の縫合や医療用具と人体の組織との固定を目的とした縫合用の糸のうち，吸収性のものをいう。
	コラーゲン注入剤	皮膚の陥没部位の修復等のため，皮内等に注入するものをいう。
	創傷被覆保護材	皮膚の創傷部，欠損部などの保護又は治癒促進のために使用する材料をいう。
	手術部止血材	粉末状，シート滋養，スポンジ状等の局所止血材をいう。
	歯科骨補填材	歯周疾患による歯槽骨欠損部を補填するために用いる人工骨材料。
	歯周組織再生誘導材料	歯周疾患による歯肉上皮細胞の根尖方向への増殖の抑制を目的とするもの。
コラーゲン ゼラチン	人工血管	生体の血管の代用として血液を流す導管の役目をするものを人工血管という。現在，広く用いられている人工血管は，生体反応が弱い合成繊維のダクロン又はテフロンから作られているが，コラーゲン，ゼラチン等のコーティングがなされていることがある。
心嚢膜	生体人工心臓弁	心臓弁の代用を行うための人工弁のうち，牛又は豚の材料から作られたものをいう。
	生体パッチ（心膜，血管修復材）	心臓・血管手術における組織欠損部の修復に用いられる材料のうち，牛心嚢膜等の生体材料を作られたものもある。
ヘパリン 誘導体	血管チューブ	血液を流す導管として用いるために合成樹脂から作られたチューブであり，薬品コーティングを施したものもある。

反すう動物の組織を用いた飼料原料の取扱い並びに英国産反すう動物を原料とした飼料及びペットフードの輸入について

平成8年4月16日

農林水産省畜産局流通飼料課

畜産局は，本日，
1 反すう動物(牛，羊，山羊等)の組織を用いた飼料原料（肉骨粉等）について，反すう動物に給与する飼料とすることのないよう，
2 当分の間，英国産反すう動物（牛，羊，山羊等）を原料とした飼料及びペットフードの輸入を行わないよう，関係団体に対し，通達を発出した。

趣旨

1 4月2，3日に開催された世界保健機関（WHO）における「伝染性海綿状脳症の公衆衛生問題に関する専門家会合」において，すべての国は反すう動物の飼料への反すう動物の組織の使用を禁止すべき旨を勧告として決定した。

2 我が国においては，牛海綿状脳症(BSE)の発生は認められていないが，この決定を踏まえ，BSEの海外からの侵入及び国内の発生の防止に万全を期するため，本日，流通飼料課長通達により，①反すう動物の組織を用いた飼料原料（肉骨粉等）については，反すう動物に給与する飼料とすることのないよう，②当分の間，英国産反すう動物(牛，羊，山羊等)を原料とした飼料及びペットフードの輸入を行わないよう，関係団体に自粛を要請した。

(問い合わせ先)
畜産局流通飼料課品質改善班　担当者　鶴我，中村
TEL：03-3502-8111（代表）内線（4574，4577）　03-3501-3779（直通）

伝染性海綿状脳症に係ると畜場法施行規則の一部改正等について

平成８年４月22日

厚生省生活衛生局乳肉衛生課

1　と畜場法施行規則の一部改正について

⑴　本年４月２日及び３日，WHOにおいて「人及び動物の伝達性海綿状脳症に関する公衆衛生専門家会議」が開催され，４月３日，その広報用資料として「牛海綿状脳症（BSE）蔓延防止と疫病からの人の危険性を最低限度に引き下げるための国際専門家による対策の提案」が公表されたところである。

この提案の中の勧告として，「すべての国は，BSEに関する継続的なサーベイランス及び強制的な届出制度を確立すべきである。サーベイランスのデータが無い場合，その国のBSEの状況は不明と考えねばならない。」とされている。

⑵　厚生省では，これを受けてと畜場において「伝染性海綿状脳症」を検査するために，と畜場法施行規則の一部改正を行い，検査対象疾病に当該疾病を追加することとした。

なお，この措置は，家畜伝染病予防法（農林水産省所管）に基づき，「伝染性海綿状脳症」を「家畜伝染病」に準ずる伝染性疾病として政令指定することと連携をとるものである。

⑶　公布予定日平成８年４月26日

施行予定日平成８年４月27日

2　英国からの牛肉加工品等に関する措置状況等

⑴　英国（北アイルランドを除く）からの牛肉及び牛臓器の輸入は，昭和26年以降，禁止されている。（農林水産省）

⑵　北アイルランドからは，本年３月26日の輸入自粛指示，３月27日からは家畜衛生の観点からの農林水産省による輸入禁止措置が講じられているが，少なくとも過去３カ年は牛肉の輸入はない。

⑶　既に英国から輸入されている牛肉加工品等については，本年４月11日，廃棄を含め，食されることのないよう，各都道府県等に指示していたところであるが，現時点における各都道府県等による在庫

の確認，廃棄，積み戻しの指示状況は別添2のとおりである。（別添2略）

伝染性海綿状脳症を家畜伝染病予防法第62条の疾病の種類として指定する等の政令について

平成8年4月26日政令第105号

1 政令の趣旨

この政令案は，伝染性海綿状脳症のまん延を防止する措置を緊急に講じうるよう，伝染性海綿状脳症を家畜伝染病予防法第62条の疾病（「家畜伝染病」に準ずる伝染性疾病）の種類として指定し，及びこれについて同法の規定の一部を準用すること等を定めるものである。

注 「家畜伝染病」は，家畜伝染病予防法第2条第1項に列挙されている畜産上重大な影響を及ぼす疾病であり，現在25種類が法定されている。

2 政令の概要

(1) 伝染性海綿状脳症を家畜伝染病予防法第62条の疾病の種類として指定するとともに，対象となる動物の種類及び地域について次のとおり定める。

① 動物の種類牛，水牛，めん羊及び山羊　② 地域全国の区域

(2) 伝染性海綿状脳症にかかり，又はかかっている疑い及びかかるおそれがある牛，水牛，めん羊又は山羊（以下「伝染性海綿状脳症患畜等」という。）について，当該家畜の所有者等に対し届出，隔離等を義務づける規定，伝染性海綿状脳症のまん延を防止するため必要がある場合には，都道府県知事等が伝染性海綿状脳症患畜等の殺処分，移動制限等をしうる規定等家畜伝染病予防法の所要の規定を準用する。

(3) 施行日は平成8年4月27日とし，平成9年4月26日限りその効力を失う。

国内初の牛海綿状脳症(BSE)り患牛発見後の厚生労働省の対応（厚生労働省　平成13年10月31日まとめ）

1　経緯

9.10　千葉県白井市の酪農家で飼育されていた乳用牛1頭について，独立行政法人動物衛生研究所での検査の結果，牛海綿状脳症の疑いがある旨を農林水産省より公表。

9.21　英国獣医学研究所の確定診断結果判明（陽性）。

2　厚生労働省のこれまでの対応

9.10　確定診断までの間，当該牛が飼育されていた千葉の農場の食肉等の販売中止を千葉県に指示。

9.11　「牛海綿状脳症に関する研究班」会議及び「狂牛病に係る食肉安全対策本部」を設置，開催。

9.12　都道府県等に対して通知を発出し，現在実施しているサーベイランスの徹底を要請。

9.19　第2回研究班会議及び第2回対策本部を開催し，緊急対策として，BSEスクリーニング検査を次のとおり強化することを決定。

（ア）24カ月齢以上の牛のうち，運動障害，知覚障害，反射又は意識障害等などの神経症状が疑われるもの及び全身症状を示すもの全頭。

（イ）神経症状が疑われない場合であっても，30カ月齢以上の牛については全頭。

9.27　①都道府県等の担当課長会議を開催。

②30カ月齢以上の牛に係ると畜場の使用の一時的制限について，都道府県等を通じて，と畜場管理者等に要請。

③生後12カ月齢以上の牛の頭蓋（舌，頬肉を除く。）及び脊髄並びに全ての牛の回腸遠位部（盲腸の接続部分から2メートル以上）を除去し焼却するよう，都道府県等を通じて関係営業者に対して指導。

10. 3　スクリーニング検査の開始日を10月18日として全国一斉に実施できるよう，都道府県等へ協力要請。

10. 5 牛由来原材料の点検，保健所への報告，特定危険部位の使用又は混入が認められた場合の原材料変更，当該食品の販売中止を，関係団体及び都道府県知事等を通じて，食品の製造者及び加工者に要請。

10. 9 スクリーニング検査の対象を30カ月齢未満も含めた全ての牛に拡大する方針を決定。

10.12 都道府県等担当課長会議（第2回）を開催し，再度全頭検査の実施等について改めて周知。検査開始当初の計画出荷，計画処理を徹底。

10.15 第3回対策本部会議を開催。

10.16 ・BSE感染牛の公表時期を「確定診断の結果が出た段階」とする方針決定。（各自治体については本方針にしたがった対応を要請するが，各自治体の主体性を尊重する。）

・10月2日より10日間にわたって開催した都道府県等職員のスクリーニング検査の技術研修を終了。

・10月18日より実施するスクリーニング検査の要領を「牛海綿状脳症検査実施要領」としてとりまとめ，都道府県知事等に周知。

10.17 ・と畜場法施行規則の一部改正。

全ての牛の①頭部（舌及び頬肉を除く），②脊髄，③回腸のうち盲腸との接続部分から2メートルまでの部分の焼却を義務付け（ただし①については，施行後1年間は脳及び眼とする）。

・食肉処理における背割り時の脊髄による枝肉の汚染防止措置を「食肉処理における特定危険部位管理要領」としてとりまとめ，都道府県等に周知。

10.18 ・全国の食肉衛生検査所（117カ所）等におけるスクリーニング検査の一斉開始。

・厚生労働大臣及び農林水産大臣により「牛海綿状脳症（BSE）の疑いのない安全な食品の供給について」談話を発表。

・特定危険部位を含むおそれのある加工食品の自主点検の結果について，中間とりまとめを公表。

(加工食品総数…28,527件　うち，特定危険部位の使用，混入又は不明による製品回収…３件)

10.26　・BSE検査の判定方法を，念のため，以下のように変更する方針を決定。

①スクリーニング検査により陽性と判定された牛については，確認検査としてウェスタン・ブロット法及び免疫組織化学検査を実施すること。

②ウェスタン・ブロット法又は免疫組織化学検査の結果のいずれかが陽性の場合はBSE陽性と判定し，いずれもBSE陰性の場合には陰性と判定すること。

と畜場法施行規則の一部を改正する省令

平成13年10月17日
厚生労働省医薬局食品保健部
監視安全課乳肉水産安全係

1　改正の内容

今般，国内において初めて牛海綿状脳症（BSE）に感染した牛が発見されたことに伴い，と畜場法施行規則（昭和28年厚生省令第44号）の一部を改正し，すべての牛の頭部（舌及び頬肉を除く。），脊髄及び回腸（盲腸の接続部分から２メートルまでに限る。）の焼却並びにこれらにより食用肉等が汚染されることのないよう衛生的な処理を義務づけるもの。

※施行後１年間は，「牛の頭部（舌，頬肉を除く。）」については，「牛の脳，眼」とする。

※９月27日の食品保健部長通知では，牛の頭部及び脊髄については，12カ月以上の牛に限定していたが，省令改正では，月齢を問わずすべての牛について除去，焼却を求めることとした。

2　施行日　平成13年10月18日

☞ **参考文献**（文末の数字は各章の番号を示す）

■第1章の参考文献

Gordon, W.S. : Advances in veterinary research. Louping-ill, tick-borne fever and scrapie. *Vet Rec*, **58** : 516-525, 1946. [1]

Gajdusek, D.C. and Zigas, V. : Degenerative disease of the central nervous system in New Guinea ; The endemic occurrence of "kuru" in the native population. *N Engl J Med*, **257** : 974-978, 1957. [1]

Hadlow, W.J. : Scrapie and kuru. *Lancet* II : 289-290, 1959. [1]

Adams, D.H. and Bell, T.M. : Slow viruses. Addison-Wesley Publishing, London, 1976. [1]

Gajdusek, D.C. : Unconventional viruses and the origin and disappearance of kuru. *Science*, **197** : 943-960, 1977. [1][2]

Prusiner, S.B. and Hadlow, W.J. (eds) : Slow transmissible diseases of the nervous system. Vol. 1. Clinical, epidemiological, genetic, and pathological aspects of the spongiform encephalopathies. Academic Press, New York, 1979. [1][3]

Prusiner, S.B. and Hadlow, W.J. (eds) : Slow transmissible diseases of the nervous system. Vol. 2. Pathogenesis, immunology, virology, and molecular biology of the spongiform encephalopathies. Academic Press, New York, 1979. [1][3]

Prusiner, S.B. : Novel proteinaceous infectious particles cause scrapie. *Science*, **216** : 136-144, 1982. [1]

Maramorosch, K. and McKelvey, J.J. Jr. (eds) : Subviral pathogens of plants and animals; Viroids and prions. Academic Press, New York, 1985. [1][3]

Oesch, B., Westaway, D., Walachli, M., McKinley, M.P., Kent, S.B.H., Aebersold, R., Barry, R.A., Tempst, P., Teplow, D.B., Hood, L.E., Prusiner, S.B. and Weissmann, C. : A cellular gene encodes scrapie PrP 27-30 protein. *Cell*, **40** : 735-746, 1985. [1][2]

Doh-ura, K., Tateishi, J., Sasaki, H., Kitamoto, T. and Sakaki, Y. : Pro-Leu change at position 102 of prion protein is the most common but not the sole mutation related to Gerstmann-Straussler syndrome. *Biochem Biophys Res Commun*, **163** : 974-979, 1989. [1]

Hsiao, K., Baker, H.F., Crow, T.J., Poulter, M., Owen, F., Terwilliger, J.D., Westaway, D., Ott, J.P. and Prusiner, S.B. : Linkage of a prion protein missense variant to Gerstmann-Straussler syndrome. *Nature*, **338** : 342-345, 1989. [1]

Gajdusek, D.C. : Subacute spongiform encephalopathies; Transmissible cerebral amyloidosis caused by unconventional viruses. In Virology, pp.2289-2324, Fields, B.N., Knipe D.M. *et al.* (eds). Raven Press, New York, 1992. 1 3

■第２章の参考文献

Carlson, G.A., Kigsbury, D.T., Goodman, P.A., Coleman, S., Marshall, S.T., DeArmond, S.J., Westaway, D. and Prusiner, S.B. : Linkage of prion protein and scrapie incubation time genes. *Cell*, **46** : 503-511, 1986. 2

Prusiner, S.B. : Molecular biology of prion diseases. *Science*, **252**: 1515-1522, 1991. 2

Transmissible spongiform encephalopathies of animals. *Rev Sci Tech Off Int Epiz*, **11** (No. 2) : （特集号）1992. 2 4

Büeller, H., Aguzzi, A., Sailer, A., Greiner, R-A., Autenried, P., Aguet, M. and Weissmann, C. : Mice devoid of PrP are resistant to scrapie. *Cell*, **73** : 1339-1347, 1993. 2

Collinge, J., Whittington, M.A., Sidle, K.D.C.L., Smith, C.J., Palmer, M.S., Clarke, A.R. and Jefferys, J.G.R. : Prion protein is necessary for normal synaptic function. *Nature*, **370** : 295-297, 1994. 2

Prusiner, S.B. : The prion diseases. *Scientific American. January* : 30-37, 1995.
（和訳．プリオンはどこまで解明されたか：プリオンは感染性，遺伝性，散発性疾患をもたらす驚くべき物質である．日経サイエンス，**25**：72-83，1995.） 2

Prusiner S.B. : Molecular genetics and biophysics of prions. ウイルス，**45**：5-42，1995.
（和訳．品川森一，堀内基広訳：プリオン病の分子遺伝学と生物物理学．蛋白質・核酸・酵素，**40**：2383-2406，1995） 2

Collinge, J., Sidle, K.C., Meads, J., Ironside, J. and Hill, A.F. : Molecular analysis of prion strain variation and the aetiology of 'new variant' CJD. *Nature*, **383** : 685-690, 1996. 2

Parchi, P., Castellani, R., Capellari, S., Ghetti, B., Young, K., Chen, S.G., Farlow, M., Dickson, D,W., Sima, A,A., Trojanowski, J.Q., Petersen, R.B. and Gambetti, P. : Molecular basis of phenotypic variability in sporadic Creutzfeldt-Jakob disease. *Ann Neurol*, **39** : 767-778, 1996. 2

Prusiner, S.B. (ed) : Prions prions prions. Springer, Berlin, 1996. 2

Rudd, P.M., Endo, T., Colominas, C., Groth, D., Wheeler, S.F., Harvey, D.J., Wormald, M.R., Serban H., Prusiner, S.B.,

Kobata, A. and Dwek, R.A.: Glycosylation differences between the normal and pathogenic prion protein isoforms. Proc Acad Sci, **96** : 13044-13049, 1999. [2]

Sakaguchi, S., Katamine, S., Nishida, N., Moriuchi, R., Shigematsu, K., Sugimoto, T., Nakatani, A., Kataoka, Y., Houtani, T., Shirabe, S., Okada, H., Hasegawa, S., Miyamato, T. and Noda, T. : Loss of cerebellar Purkinje cells in aged mice homozygous for a disrupted PrP genes. *Nature*, **380** : 528-531, 1996. [2]

Tobler, I., Gaus, S.E., Deboer, T., Achermann, P., Fischer, M., Rulicke, T., Moser, M., Oesch, B., McBride, P.A. and Manson, J.C. : Altered circadian activity rhythms and sleep in mice devoid of prion protein. *Nature*, **380** : 639-642, 1996. [2]

Baker, H.F. and Ridley, R.M. (eds) : Prion diseases. Humana Press, New Jersey, 1996. [2][3][4]

Hill, A.F., Desbruslais, M., Joiner, S., Sidle, K.C., Gowland, I., Collinge, J., Doey, L.J. and Lantos, P. : The same prion strain causes vCJD and BSE. *Nature*, **389** : 448-450, 1997. [2]

Parchi, P., Giese, A., Capellari, S., Brown, P., Schulz-Schaeffer, W., Windl, O., Zerr, I., Budka, H., Kopp, N., Piccardo, P., Poser, S., Rojiani A., Streichemberger, N., Julien, J., Vital, C., Ghetti, B., Gambetti, P. and Kretzschmar, H. : Classification of sporadic

Creutzfeldt-Jakob disease based on molecular and phenotypic analysis of 300 subjects. *Ann Neurol*, **46** : 224-233, 1999. [2]

■第 3 章の参考文献

Kahana, E., Alter, M., Braham, J. and Sofer, D. : Creutzfeldt-Jakob disease; Focus among Libyan Jews in Israel. *Science*, **183** : 90-91, 1974. [3]

Lugaresi, E., Medori, R., Montagna, P., B Aguzzi, A., Cortelli, P., Lugaresi, A., Tinuper, P., Zucconi, M. and Gambetti, P. : Fatal familial insominia and dysautonomia with selective degeneration of thalamic nuclei. *N Engl J Med*, **315** : 997-1003, 1986. [3]

Bastian, F.O. (ed) : Creutzfeldt-Jakob disease and other transmissible spongiform encephalopathies. Mosby Year Book, St. Louis, 1991. [3]

Medori, R., Tritschler, H.-J., LeBlanc, A., Villare, F., *et al.* : Fatal familial insomnia, a prion disease with a mutation at codon 178 of the prion protein gene. *N Engl J Med*, **326** : 444-449, 1992. [3]

Bons, N., Mestre-Francés, N., Charnay, C.Y. and Tagliavini, F. : Spontaneous spongiform encephalopathy in a young adult rhesus monkey. *Lancet*, **348** : 55, 1996. [3]

Lasmezas, C.I., Deslys, J.P., Demaimay, R., Adjou, K.T., Lamoury, F. and Dormont, D.: BSE transmission to macaques. *Nature,* **381** : 743-744, 1996 [3]

Hill, A.F., Zeidler, M., Ironside, J. and Collinge, J. : Diagnosis of new variant Creutzfeldt-Jakob disease by tonsil biopsy. *Lancet,* **349** : 99-100, 1997. [3]

Kawashima, T., Furukawa, H., Doh-ura, K. and Iwaki, T. : Diagnosis of new variant Creutzfeldt-Jakob disease by tonsil biopsy. *Lancet,* **350** : 68-69, 1997. [3]

Hilton, D.A., Fathers, E., Edwards, P., Ironside, J.W. and Zajicek, J. : Prion immunoreactivity in appendix before clinical onset of variant Creutzfeldt-Jakob disease. *Lancet,* **352** : 703-704, 1998. [3]

van Duijn, C.M., Delasnerie-Laupretre, N., Masullo, C., Zerr, I., de Silva, R., Wientjens, D.P.W.M., Brandel, J.-P., Weber, T., Bonavita, V., Zeidler, M., Alperovitch, A., Poser, S., Granieri, E., Hofman, A. and Will, R.G. : Case-control study of risk factors of Creutzfeldt-Jakob disease in Europe during 1993-95. *Lancet,* **351** : 1081-1085, 1998. [3]

Will, R.G., Alperovitch, A., Poser, S., Pocchiari, M., Hofman, A.,

Mitrova, E., de Silva, R., D'Alessandro, M., Delasnerie-Laupretre, N., Zerr, I. and van Duijn, C. : Descriptive epidemiology of Creutzfeldt-Jakob disease in six European countries, 1993-1995. *Ann Neurol*, **43** : 763-767, 1998. 3

Cousens, S.N., Linsell, L., Smith, P.G., Chandrakumar, M., Wilesmith, J.W., Knight, R.S.G., Zeidler, M., Stewart, G. and Will, R.G. : Geographical distribution of variant CJD in the UK (excluding Northern Ireland). *Lancet*, **353** : 18-21, 1999. 3

Hill, A.F., Butterworth, R.J., Joiner, S., Jackson, G., Rossor, M.N., Thomas, D.J., Frosh, A., Tolley, N., Bell, J.E., Spencer, M., King, A., Al-Sarraj, S., Ironside, J.W., Lantos, P.L. and Collinge, J. : Investigation of variant Creutzfeldt-Jakob disease and other human prion diseases with tonsil biopsy samples. *Lancet*, **353** : 183-189, 1999. 3

Will, R.G., Cousens, S.N., Farrington, C.P., Smith, P.G., Knight, R.S.G. and Ironside, J.W. : Deaths from variant Creutzfeldt-Jakob disease. *Lancet*, **353** : 979, 1999. 3

Andrews, N.J., Farrington, C.P., Cousens, S.N., Smith, P.G., Ward, H., Knight, R.S.G., Ironside, J.W. and Will, R.G : Incidence of variant Creutzfeldt-Jakob disease in the UK. *Lancet*, **356** : 481-482, 2000. 3

Cooper, J.D., Bird, S.M. and de Angelis, D. : Prevalence of detectable abnormal prion protein in persons incubating vCJD; Plausible incubation periods and cautious inference. *J Epidemiol Biostat*, **5** : 209-219 2000. [3]

Ghani, A.C., Donnelly, C.A., Ferguson, N.M. and Anderson, R.M. : Assessment of the prevalence of vCJD through testing tonsils and appendices for abnormal prion protein. *Proc R Soc Lond B Biol Sci*, **267** : 23-29, 2000. [3]

Ghani, A.C., Ferguson, N.M., Donnelly, C.A. and Anderson, R.M. : Predicted vCJD mortality in Great Britain. *Nature*, **406** : 583-584, 2000. [3]

Jeffrey, M., McGovern, G., Martin, S., Goodsir, C.M. and Brown, K.L. : Cellular and sub-cellular localisation of PrP in the lymphoreticular system of mice and sheep. *Arch Virol Suppl*, **16** : 23-38, 2000. [3]

Bruce, M.E., McConnell, I., Will, R.G. and Ironside, J.W. : Detection of variant Creutzfeldt-Jakob disease infectivity in extraneural tissues. *Lancet*, **358** : 208-209, 2001. [3]

Jeffrey, M., Martin, S., Thomson, J.R., Dingwall, W.S., Begara-McGorum, I. and Gonzalez, L. : Onset and distribution of tissue PrP accumulation in scrapie-affected suffolk sheep as demonstrated by sequential necropsies and tonsillar biopsies. *J Comp Pathol*, **125** : 48-57, 2001. 3

Bons, N., Lehmann, S., Nishida, N., Mestre-Frances, N., Dormont, D., Belli, P., Delacourte, A., Grassi, J. and Brown, P. : BSE infection of the small short-lived primate Microcebus murinus. *C R Acad Sci*, **325** : 67-74, 2002 3

■第4章，第5章の参考文献

Wells, G.A.H., Scott, A.C., Johnson, C.T., Gunning, R.F., Hancock, R.D., Jeffrey, M., Dawson, M. and Bradley, R. : A novel progressive spongiform encephalopathy in cattle. *Vet Rec*, **121** : 419-420, 1987. 4

Bradley, R., Savey, M. and Marchant, B. (eds) : Sub-acute spongiform encephalopathies. Kluwer Academic Publishers, Dordrecht, 1991. 4

USDA/APHIS/VS : Qualitative analysis of BSE risk factors in the United States. January 1991. 4 5

EEC Regulatory Document : Note for guidance; Guidelines for minimizing the risk of transmitting agents causing spongiform encephalopathy via medicinal product. *Biologicals*, **20** : 155-158, 1992. 4

Taylor, D.M. : Bovine spongiform encephalopathy and its association with the feeding of ruminant-derived protein. Brown, F. (ed), Transmissible spongiform encephalpathies; Impact on Animal and Human Health, Development in Biological Standardization. vol.80, pp.215-224, Karger, Basel, 1993. [4]

USDA/APHIS/VS : Bovine spongiform encephalopathy; Implications for the United States. December 1993. [4][5]

Bruce, M., Chree, A., McConnell, I., Foster, J., Pearson, G. and Fraser, H. : Transmission of bovine spongiform encephalopathy and scrapie to mice; Strain variation and the species barrier. *Phil Trans Roy B*, **343**: 405-411, 1994. [4]

Spongiform Encephalopathy Advisory Committee : Transmissible spongiform encephalopathies; A summary of present knowledge and research. 1994. [4]

Woodgate, S.L. : Renderd products ; Safe products. International Nutrition Symposium, pp.3-9, 1994. [4]

Collinge, J., Palmer, M.S., Sidle, K.C.L., Hill, A.F., Gowland, I., Meads, J., Asante, E., Bradley, R., Doey, L.J. and Lantos, P.L. : Unaltered susceptibility to BSE in transgenic mice expressing human prion protein. *Nature*, **378** : 779-783, 1995. [4]

Taylor, D.M., Ferguson, C.E., Bostock, C.J. and Dawson, M. : Absence of disease in mice receiving milk from cows with bovine spongiform encephalopathy. *Vet Rec*, **136** : 592, 1995. [4]

Taylor, D.M., Woodgate, S.L. and Atkinson, M.J. : Inactivation of the bovine spongiform encephalopathy agent by rendering procedures. *Vet Rec*, **137** : 605-610, 1995. [4]

Taylor, D.M., Woodgate, S.L. and Fleetwood, A.J. : Scrapie agent survives exposure to rendering procedures. 1996. Proc. Assoc. Veterinary Teachers and Research Workers, April 2-4, p.33, 1996. [4]

Will, R.G., Ironside, J.W., Zeidler, M., Cousens, S.N., Estibeiro, K., Alperovitch, A., Poser, S., Pocchiari, M., Hofman, A. and Smith, P.G. : A new variant of Creutzfeldt-Jakob disease in the UK. *Lancet*, **347** : 921-925, 1996. [4]

Wisniewski, H.M., Sigurdarson, S., Rubenstein, R., Kascsak, R.J. and Carp, R.I. : Mites as vectors for scrapie. *Lancet*, **347** : 1114 , 1996. [4]

Ridley, R.M., Baker, H.F. and Windle, C.P. : Failure to transmit bovine spongiform encephalopathy to marmosets with ruminant-derived meal. *Lancet*, **348** : 56, 1996. [4]

Lasmezas, C.I., Demainmay, R., Adjou, K.T., Lamory, F. and Dormont, D. : BSE transmission to macaques. *Nature*, **381** : 743-744, 1996. [4]

Anderson, R.M., Donnelly, C.A., Ferguson, N.M., Woolhousei, M.E.J., Watt, C.J., Udy, H.J., MaWhinney, S., Dunstan, S.P., Southwood, T.R.E., Wilesmith, J.W., Ryan, J.B.M., Hoinville, L.J., Hillerton, J.E., Austin, A.R. and Wells, G.A.H. : Transmission dynamics and epidemiology of BSE in British cattle. *Nature*, **382** : 779-788, 1996. [4]

Hsich, G., Kenney, K., Gibbs, C.J., Lee, K.H. and Harrington, M.G. : The 14-3-3 brain protein in cerebrospinal fluid as a marker for transmissible spongiform encephalopathies. *N Engl J Med*, **335** : 924-930, 1996. [4]

Bruce, M.E., Will, R.G., Ironside, J.W., McConnell, I., Drummond, D., Suttie, A., McCardle, L., Chree, A., Hope, J., Birkett, C., Cousens, S., Fraser, H. and Bostock, C.J. : Transmissions to mice indicate that 'new variant' CJD is caused by the BSE agent. *Nature*, **6650** : 498-501, 1997. [4]

Scott, M.R., Will, R.G., Ironside, J., Nguyen, H. -OB., Tremblay, P., DeArmond, S.J. and Prusiner, S.B. : Compelling transgenetic evidence for transmission of bovine spongiform encephalopathy prions to humans. *Proc Natl Acad Sci USA*, **96** : 15137-15142,

1999. [4]

Will, R.G. and Ironside, J.W. : Commentary; Oral infection by the bovine spongiform encephalopathy prion. *Proc Natl Acad Sci USA*, **96** : 4738-4739, 1999. [4]

Lasmezas, C.I., Fournier, J.G., Nouvel, V., Boe, H., Marce, D., Lamoury, F., Kopp, N., Hauw, J.J., Ironside, J., Bruce, M., Dormont, D. and Deslys, J.P. : Adaptation of the bovine spongiform encephalopathy agent to primates and comparison with Creutzfeldt-Jakob disease; Implications for human health. *Proc Natl Acad Sci USA*, **98** : 4142-4127, 2001. [4]

☞ 索引

主な略語

AFRC→(Agricultual and Food Research Council)
BAB→禁止後出産(born after ban)
BBSRC→(Biotechnology and Biological Sciences Research Council)
BSE→牛海綿状脳症(Bovine Spongiform Encephalopathy)
CDC→疾病制圧予防センター
(Centers for Disease Control and Prevention)
CJD→クロイツフェルト・ヤコブ病(Creutzfeldt-Jakob Disease)
CWD→慢性消耗病(Chronic Wasting Disease)
FAO→国連・食糧農業機関
FFI→致死性家族性不眠症(Fatal Famillial Insomnia)
FSE→猫海綿状脳症(Feline Spongiform Encephalopathy)
GSS→ゲルストマン・シュトロイスラー・シャインカー病
(Gerstmann Sträussler Scheinker Disease)
HACCP→総合衛生管理製造過程
(hazard analysis and critical control point system)
IAH→家畜衛生研究所(Institute for Animal Health)
MBM→肉骨粉(meat and bone meat)
OIE→国際獣疫事務局(Office International des Epizooties)
PrP^{C}→正常プリオン蛋白(cellular prion protein)
PrP^{Sc}→異常プリオン蛋白(scrapie-type prion protein)
PSD→周期性同調性放電(periodic synchronous discharge)
SAF→スクレイピー関連線維(scrapie associated fibril)
Sinc→(scrapie incubation period)
Sip→(scrapie incubation period)
TME→伝達性ミンク脳症(Transmissible Mink Encephalopathy)
TSE→伝達性海綿状脳症(Transmissible Spongiform Encephalopathy)
vCJD→変異型クロイツフェルト・ヤコブ病(variant CJD)
VLA→英国獣医学研究所(Veterinary Laboratories Agency)
WHO→世界保健機関(World Health Organization)

〔ひ〕

〔ふ〕

〔へ〕

〔ほ〕

〔ま〕

〔R〕

〔S〕

〔T〕

〔V〕

〔W〕

著者

山内一也（やまのうちかずや）　㈶日本生物科学研究所　主任研究員・理事
国際獣疫事務局（OIE）学術顧問
東京大学　名誉教授

小野寺節（おのでらたかし）　東京大学大学院農学生命科学研究科教授
EU科学委員会委員

プリオン病〈第二版〉
BSE（牛海綿状脳症）のなぞ

発　行　　初　版　1996年11月5日
　　　　　第二版　2002年8月20日

著　者　　**山内一也・小野寺節**
発行者　　**菅　原　律　子**
発行所　　**㈱ 近 代 出 版**
〒150-0002　東京都渋谷区渋谷2-10-9
TEL 03-3499-5191　FAX03-3499-5204
振替　00190-8-168223
印刷所　　(株)平河工業社

ISBN4-87402-079-8　C1047

図解プリオン病
病原体から病変まで

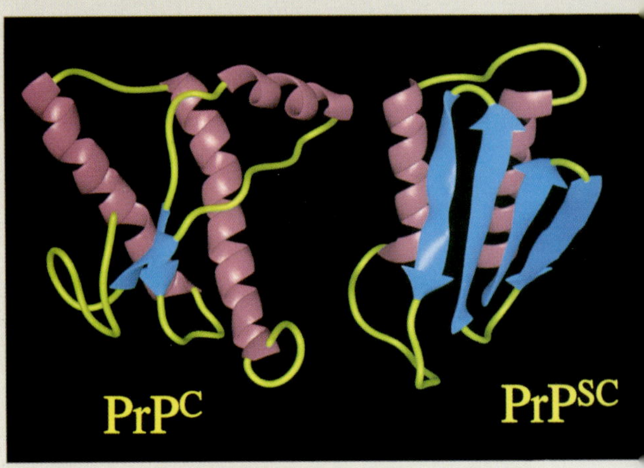

1. 正常プリオン蛋白と異常プリオン蛋白の立体構造
黄：αヘリックス，青：βシート

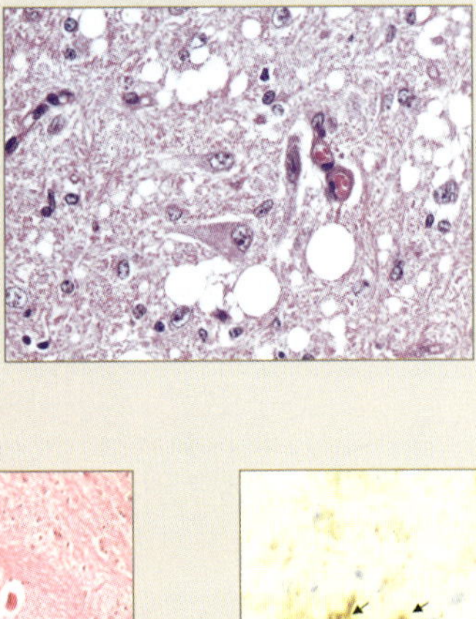

2. BSE ウシの脳に見られる
海綿状の空胞（本文 111 頁）
提供：Dr. G. A. H. Wells

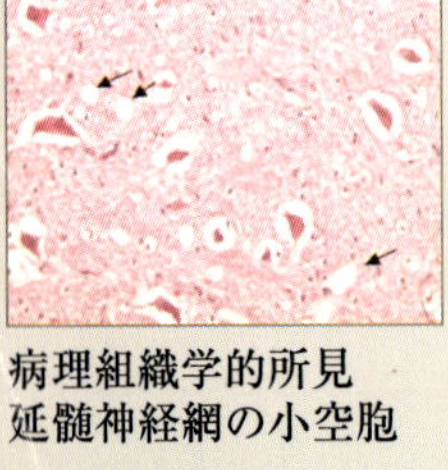

病理組織学的所見
延髄神経網の小空胞

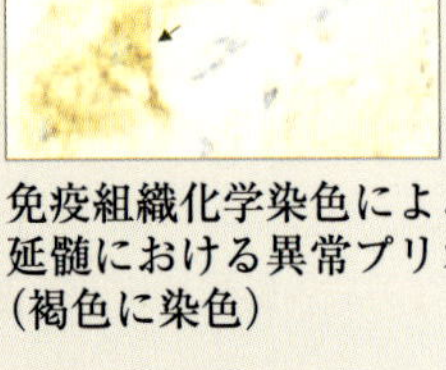

免疫組織化学染色による陽性所見
延髄における異常プリオン蛋白質の沈着
（褐色に染色）

3. 千葉県で見つかったBSE 第1号で検出された空胞と異常プリオン（本文 155 頁）
提供：動物衛生研究所